Neues Wohnen in der Schweiz

Gaston Wicky
Brigitte Selden

Neues Wohnen in der Schweiz
Architekten und Bauten im Porträt

Deutsche Verlags-Anstalt
Stuttgart München

Inhalt

Vorwort

Das allgemeine Interesse an Architektur ist in den letzten Jahrzehnten stark gewachsen. Das gilt nicht zuletzt für die Schweizer Baukunst, die dank ihres hohen Niveaus im In- und Ausland rege beachtet wird. Im Auftrag internationaler Bauherren entwerfen weltweit agierende Büros wie Herzog & de Meuron, Peter Zumthor und Diener & Diener große öffentliche Komplexe wie Museen und Hotels. Aber auch im Inland wurde in den letzten Jahren eine Reihe bemerkenswerter Bauten realisiert, insbesondere im Wohnungsbau.

Seit Jahren verfolgen und dokumentieren wir journalistisch und fotografisch den Architekturdiskurs, dessen Resultate die, wie Roman Hollenstein in der Neuen Zürcher Zeitung schrieb, zurzeit wichtigste kulturelle Leistung der Schweiz ist. Das Buch haben wir ausgewählten Wohnbauten gewidmet, die beispielhaft zeigen, wie die Schweiz zu einer der führenden Architekturnationen wurde. Die 22 Beispiele unseres Buches sind eine Tour d'horizon aktueller Wohnbauten, die deutlich machen, welche Vielfalt an Ideen und Qualitäten heute möglich ist. Dabei ging es uns in erster Linie um einen breiten Fächer aktueller Beispiele, nicht um einen fokussierten Blick. So erhebt unsere Auswahl keineswegs den Anspruch auf Vollständigkeit oder wissenschaftlicher Aufarbeitung, die es in diesem Rahmen auch gar nicht geben kann. Unsere Auswahlkriterien waren vielmehr architektonische Qualität und der Zeitpunkt der Fertigstellung. Keines der von uns ausgewählten Projekte ist älter als vier Jahre. Gleichzeitig war uns eine vielfältige Mischung von Architekturbüros, Bauaufgaben und Haltungen sowie Formen- und Materialsprachen wichtig. Bei der Gliederung haben wir uns an eine neutrale alphabetische Folge gehalten, da eine geografische oder typologische Rangfolge uns ebenso unpassend schien wie eine Gewichtung nach qualitativen Kriterien.

Das Spektrum der vorgestellten Objekte reicht von Einfamilienhäusern und kleinen Wohnanlagen bis zu Großüberbauungen. Wir haben namhafte Architekten porträtiert, aber auch junge, unbekannte Büros, die mit dem abgebildeten Haus ihren ersten Bau realisieren konnten. So ist das Buch eine aktuelle Bestandsaufnahme des Schweizer Wohnungsbaus, eine Art »Stand der Dinge« und zugleich ein Porträt der Menschen, die diese Bauten geschaffen haben.

Brigitte Selden, Gaston Wicky

Neues Wohnen in der Schweiz

»Es gibt für mich ein schönes Schweigen von Bauten, das ich verbinde mit Begriffen wie Gelassenheit, Selbstverständlichkeit, Dauer, Präsenz und Integrität, aber auch Wärme und Sinnlichkeit; es selber sein, ein Gebäude sein, nicht etwas darstellen, sondern etwas sein.«

Peter Zumthor, 1992

Schweizer Architektur?
Was Peter Zumthor 1992 über geglückte Architektur sagte, gilt für die Mehrzahl der Bauten, die Gaston Wicky und Brigitte Selden für diesen Band ausgewählt haben. Es sind Wohnhäuser, Siedlungen und Ferienhäuser, die an den unterschiedlichsten Orten der Schweiz für ganz verschiedene Bauherrinnen und Bewohner erbaut wurden. Gemeinsam ist ihnen allen eine heitere Gelassenheit und eine Sinnlichkeit von Raum, Licht und Material, die wie von selbst zu hoher Wohnqualität führt. Sie vertreten damit eine Entwurfstradition, die der Schweizer Architektur vor allem im letzten Jahrzehnt zu internationaler Ausstrahlung verholfen hat. Die Auswahl dieses Bandes berücksichtigt viele junge Architekturbüros und zeigt, dass international bekannte Namen wie Diener & Diener, Herzog & De Meuron oder Peter Zumthor in der Schweiz keine isolierten Positionen vertreten. Vielmehr wachsen sie aus einer Architekturlandschaft heraus, deren Qualität und Ideenreichtum überrascht. Eine große Zahl von engagierten privaten und öffentlichen Bauherren erklärt diesen Erfolg zum größten Teil. Fruchtbare Grundlagen bieten daneben die öffentliche Wettbewerbskultur und das Niveau der schweizerischen Architekturschulen, insbesondere der ETH Zürich.

Diese Architekturlandschaft ist sehr offen für den internationalen Austausch. Trotzdem lassen sich Merkmale einer schweizerischen Architektur definieren. Zu diesen gehören die theoretische und praktische Orientierung an der klassischen Moderne, eine Vorliebe für einfache und klare geometrische Formen und ein handwerkliches Interesse für das Detail in Konstruktion und Material. Das sorgfältige Studium des Ortes mit seinen Stimmungen und seinen historischen und topografischen Gegebenheiten steht am Anfang jedes Entwurfs.

Die Auseinandersetzung mit dem Ort erschöpft sich nicht in formaler Anlehnung an Bestehendes; sie kann zum ironischen Zitat oder zu bewussten Korrekturen führen. Die sprichwörtliche Schweizer Kiste ist durchaus nicht die einzig zugelassene Antwort: Das Wohnhaus in Fläsch von Bearth und Deplazes zeigt, wie aus den spezifischen Gegebenheiten des Ortes ein Bau von sehr eigenwilligen Formen entstehen kann. Der kristalline, aus dem unregelmäßigen Grundstück abgeleitete Körper mit fünfeckigem Grundriss und den frei gesetzten Öffnungen erlaubt Analogien zur Graubündner Bautradition, ohne sie in formalen Details zu kopieren.

Die häufig genannte Neue Einfachheit, die strenge Reduktion in vielen Entwürfen ist für die Schweizer Architekten nicht eine Art der Selbstbeschränkung, sondern folgt der These »less is more«: Materialien und Form kommen durch die Reduktion zur vollen Wirkung, die nicht nur klare Ordnung schafft, sondern auch eine sinnliche Stimmung der Räume. Eine subtile Setzung der Öffnungen führt das Licht und lenkt den Blick der Bewohner. Es werden möglichst einfache, naturnahe Materialien wie Sichtbeton, Holz oder Metall verwendet, oft aber in einer unmerklich veredelten Form: Sichtbeton zum Beispiel kann sehr verschiedene Wirkung entfalten, je nachdem ob er glatt oder rau geschalt, vielleicht gar poliert, eingefärbt, bedruckt oder mit Glimmerzuschlag zum Schimmern gebracht wird. Dieses minuziöse Erforschen und Verfremden von Materialeigenschaften erweitert die Spielräume der Architektinnen und Architekten, die ihre Arbeit auch als bildende Kunst verstehen.

Verstädterte Landschaft und ländliche Urbanität

Wer mit der Schweiz vor allem Urlaubslandschaften, Seen und Berge verbindet, wird von den Bildern dieses Bandes nicht enttäuscht werden. Der schweizerische Leser staunt, wie viele Grundstücke mit schöner Aussicht oder in Seenähe hierzulande noch immer verfügbar sind. Und er wird sich vielleicht fragen, ob denn im Kern der Städte kein Raum mehr sei für einen Wohnungsbau mit architektonischer Ausstrahlung.

Erst in jüngster Zeit nahm die Schweiz zur Kenntnis, dass sie längst kein bäuerliches Bergland mehr ist, sondern in weiten Teilen verstädterter oder halbstädtischer Raum. Siebzig Prozent der Bevölkerung leben heute in den Agglomerationen, die sich nicht nur zwischen Genf und Lausanne oder Zürich und Basel gebildet haben, sondern auch im Oberengadin, Tessin oder Berner Oberland. Aus scheinbar unberührten Landschaften und konservativen Bergtälern wurden Lebensräume einer modernen und hoch mobilen Konsumgesellschaft. Autobahnen erschließen die Täler, Quartierpläne die Ackerfluren. Dieser Wandel ist vielleicht nicht neu, aber er ist seit den 1990er Jahren stärker ins Bewusstsein der Menschen eingedrungen.

Die meisten Bauten dieses Bandes stammen aus dieser Zwischenwelt, die nicht ganz Stadt und nicht ganz Land ist. Der Wohnort ist für ihre Bewohner nur ein Ausschnitt ihrer mobilen Lebenswelt. Sie bewohnen Häuser mit Blick in eine ländliche Welt, der sie nicht ganz angehören: über das Appenzeller Hügelland oder den Bieler See, in raue Tessiner Natur oder in die Bergwelt des Engadins. Das Fernrohr im Wohnzimmer des Einfamilienhauses in Speicher von Cavelti und Weber illustriert diese Beziehung. Die Landschaft wird zum Bild, während das Haus selber, über den Steilhang auskragend, seiner Umgebung nur leicht aufgesetzt erscheint.

Sehr bewusst behandeln Silvia Gmür und Livio Vacchini in ihren drei Einfamilienhäusern in Beinwil diesen Widerspruch. Ihre Häuser, idyllisch am See gelegen, sind auf ein flaches Podest gestellt, um die Künstlichkeit der Architektur nicht zu verwischen. Der großzügige private Außenraum ist als Patio Teil des gebauten Volumens. Befreites Wohnen im Sinn der klassischen Moderne wird hier streng rational umgesetzt.

Wenig herausragende Qualitäten besitzt das Quartier am Rande Basels, wo das Doppelhaus in Münchenstein von Steinmann und Schmid entstand. Im banalen baulichen Durcheinander der Agglomeration wirkt dieses Haus äußerlich wie ein ironisches Zitat seiner Umgebung. Seine räumliche Qualität entwickelt sich nach innen und kulminiert in der Kaskadentreppe, die freie räumliche Verbindungen mit den angedockten Räumen eingeht und den Blick nicht in die Nachbarschaft, sondern zum freien Himmel lenkt.

Versuche, das Leben zu ordnen

Urbanes Leben heißt Abschied von lokaler Gebundenheit. Wohnen kann überall stattfinden, am Stadtrand, auf dem Industrieareal, am Steilhang weit ab von jeder Siedlung. Heimat ist für viele Menschen nicht mehr eine angeborene Umgebung, sie tragen sie vielmehr als Teil ihrer selbst mit sich – oder versuchen, sie in den eigenen vier Wänden zu inszenieren, die ihrem individuellen Lebensentwurf entsprechen. Im Architektenhaus wächst zusammen, was der moderne Alltag auseinander reißt.

Das Haus in Vignon von Gion A. Caminada zeigt diesen Versuch. Zwar gleicht es den traditionellen bäuerlichen Bauten im Val Lumnezia. Sein von unbehandeltem Holz geprägtes Inneres steht zu diesem Anschein nicht im Widerspruch, und doch wird es, gerade in seiner konsequenten Materialisierung, zum persönlichen Spiegel seines Bauherrn, einem Städter, der die meditative Schlichtheit des Bergtals und seines Hauses sucht als Ort des Rückzugs: Die Wohnung ist hier ein Futteral, ganz auf die Person ihres Bewohners abgestimmt.

Ein ähnlich karges, fast klösterliches Haus, Peter Märklis Wohnhaus in Hünenberg, folgt einem anderen Programm und abstrakteren Regeln. Es liegt gleichsam bereit, für seinen jetzigen Bewohner oder für einen späteren. Seine Räume und ihre zahlreichen Verbindungen ermöglichen in ihrer strengen Ordnung ein Bewohnen in unterschiedlichster Weise und durch die verschiedensten Menschen. Spielräume für Veränderungen sind durch die Klarheit der Regeln gegeben.

Neues Wohnen in den Städten

Eine wachsende Zahl von Schweizerinnen und Schweizern hat die Attraktivität der Stadt als Wohnort neu entdeckt. Die Einwohnerzahl der Kernstädte, die jahrelang schrumpfte, hat sich stabilisiert und an manchen Orten wieder zugenommen. Zu dem neuen Stadtwachstum trägt immer häufiger auch ein urbaner Mittelstand bei, der sich die freie Wahl zwischen dem privaten Haus im

Grünen und einem städtischen Ambiente leisten kann. Diese Menschen suchen Wohnungen, die Raum für persönliche Entfaltung und repräsentatives Auftreten gewähren. Auf das Besorgen eines eigenen Gartens legen sie wenig Wert, dagegen auf geschützte private Außenräume, die die Wohnung direkt ins Freie erweitern. Die Einbettung in das städtische Leben schließt für sie ein hohes Maß an Privatheit in den eigenen Räumen nicht aus. Von ihrer Wohnung erwarten sie einen Ausdruck ihrer Lebensweise: Großzügig dimensionierte Räume, kontrollierte Führung des Lichts und anspruchsvolle Materialien. Überhohe Räume und in der Höhe versetzte Wohnniveaus tragen zum Gefühl bei, mitten in der Stadt wie im Einfamilienhaus zu leben.

Dieser Band stellt eine Reihe von Stadtvillen oder palazzini vor, die solchen Erwartungen entsprechen. Gemeint sind freistehende Häuser mit mehreren, sehr individuell ausgestalteten, aber gleichwertigen Wohnungen. Die Bauform, die an das traditionelle bürgerliche Miethaus anschließt, eignet sich zur qualitätsvollen verdichteten Nutzung von Grundstücken in städtischer Lage mit offener Bebauung. Die Backsteinkuben von Burkard, Meyer in Baden sind ein abwechslungsreiches Spiel mit dieser Typologie in einem sehr städtischen Umfeld am Rand des Industriegebiets. Jede Wohnung hat hier ihre ganz besondere, individuelle Qualität des Lichts und des Raums. Dies gilt auch für die leuchtend roten Stadtvillen an der Wehrenbachhalde in Zürich von Burkhalter und Sumi. Jede ihrer Wohnungen verfügt über einen eigenen Zugang von außen; jede hat einen anderen Grundriss, und jede wurde nach dem Geschmack ihrer Käufer ausgebaut. Privatheit und Individualität sind groß geschrieben; der gemeinsame Außenraum und die markante Architektur verbinden diese Einheiten zu einer lockeren Gruppierung.

Ein Land der Mieterinnen und Mieter
Trotz ihres Wohlstands ist die Schweiz kein Land der Häuslebauer, im Gegenteil: Fast 70 Prozent der SchweizerInnen wohnen in Miete, nur 31 Prozent sind Eigentümer ihrer Wohnung oder eines eigenen Hauses. Der begrenzte Raum in dem kleinen und stark verstädterten Land erklärt diesen tiefen Anteil nur zum Teil. Die tiefe Eigentumsquote gibt zwar regelmäßig Anlass zu politischen Klagen; den Schweizerinnen und Schweizern bringt sie jedoch keine materiellen Nachteile. Europaweit belegen sie nämlich pro Person am meisten Wohnfläche – 39 Quadratmeter Nettofläche waren es 1990, mit stark steigender Tendenz. Mehr als die Hälfte der Wohnungen in der Schweiz wies 1990 mindestens vier Zimmer auf, jede vierte sogar fünf oder mehr.

In den letzten 20 Jahren ist der Raumbedarf der Schweizerinnen und Schweizer erheblich gestiegen, und zwar alle 10 Jahre um rund 5 Quadratmeter. Zu dieser Entwicklung hat nicht nur der Wohnungsbau mit einem wachsenden Anteil von Großwohnungen beigetragen; verantwortlich ist auch das Schrumpfen der Haushalte: Es dominieren mit über 50 Prozent die Kleinhaushalte mit einer oder zwei Personen. Aus diesen Zahlen spricht die Überalterung und Kinderarmut der Schweiz, aber auch ein wachsender Wohlstand, der Jungen und Älteren Selbständigkeit erlaubt. Selbstverständlich ist dieser Wohlstand unter Schweizerinnen und Schweizern keineswegs gleichmäßig verteilt. Zwischen der engen Dreizimmerwohnung an der Autobahn und der Villa am See sind die Unterschiede groß und vor allem in den Städten plagt Wohnungsnot die Kleinverdiener.

Das Wohnen löst sich heute nicht nur aus räumlichen, sondern ebenso aus sozialen Zwängen und Gewissheiten. Man stellt sich nicht mehr auf Lebensstellung und Pensionserwartung ein, lässt sich nicht nach soziologischen Gruppen und Klassen etikettieren. Die gleiche Person nimmt im Lauf des Tages ganz verschiedene Rollen ein: Zum Beispiel als Mutter, Projektleiterin, Konsumentin oder aktive Bürgerin. Dass Familien auseinanderbrechen und in veränderter Form auch wieder zusammenwachsen können, gilt als normal. Patchwork families und Karriere-Collagen sind realer Alltag; die einstige Normalfamilie mit Eltern und Kindern ist mit 31,2 Prozent der Haushalte zur Minderheit geworden.

Urbane Lebensgemeinschaften
Im Bau von Mehrfamilien- und Mietshäusern sind daher neue Lösungen gefragt. Die moderne Vielfalt von Haushaltsformen und Lebensentwürfen verlangt eine Vielfalt und Flexibilität des Angebots. »Das Hauptaugenmerk«, beschreibt die Architekturkritikerin Irma Noseda den Trend, »richtet sich heute ganz aufs Innere; die Häuser werden wesentlich aus der Wohnung heraus entwickelt: Sie soll die Selbstverwirklichung und den persönlichen Lebensstil befördern; sie soll einmalig sein; sie soll für verschiedene Lebensabschnitte, für unterschiedliche finanzielle Möglichkeiten und persönliche

Vorlieben je spezielle Angebote bereithalten.«

Diesen Forderungen genügt der bestehende Wohnungspark nicht, am wenigsten in den Städten. Zürich zum Beispiel zählt über zwei Drittel kleine Wohnungen, die sich zudem zum Verwechseln ähnlich sind – Normwohnungen der Zwischen- und Nachkriegszeit, erstellt um den dringendsten Bedarf zu decken. Der Wohnungsbestand ist, in den Worten des Architekten Ernst Hubeli, »geradezu beängstigend veraltet und verbiedert«.

Gerade weil die Schweizerinnen und Schweizer in der Mehrzahl zur Miete wohnen, sind Wohnungen mit den individuellen Qualitäten von Einfamilienhäusern gefragt, und zwar auch in der Stadt. Urbane Alternativen zum Wohnen auf der grünen Wiese – in verschiedenen Preissegmenten – sind zur Zeit die wichtigste und interessanteste Aufgabe für den Wohnungsbau in der Schweiz.

Die auf einem ehemaligen Industrieareal zwischen Ausfallstraße und Fluss gelegene Großsiedlung Limmatwest von Kuhn Fischer Partner in Zürich verkörpert ein hoch verdichtetes Konzept urbanen Wohnens. Wohnungen unterschiedlichster Größe und Zuschnitts verknäueln sich darin zu einem dichten Konglomerat, das nach außen als urbane Großform in Erscheinung tritt, im Innern aber von einer Straßenachse mit offenen Höfen aufgeschnitten wird, die das Gemeinschaftsleben und die enge Verbindung von Arbeit und Wohnen thematisieren.

Ein hervorragendes Beispiel individualisierten Mietwohnungsbaus ist die Vordere Lorraine von Reinhard + Partner und Werkgruppe AGW in Bern. Per Internet suchte die Bauträgerschaft schon in einem frühen Planungsstadium die künftigen Mieter, um mit ihnen zusammen die geeigneten Raumkombinationen für ihre Haushaltsbedürfnisse zusammenzustellen. Grundprinzip dafür ist eine senkrechte Organisation der Wohnungen: Die kleinste Einheit liegt in einer Ebene. Wer mehr Raum braucht, kann darunter und darüber solchen beanspruchen. Laubengänge und innere Treppen verbinden die Raumkonglomerate. So entstehen unterschiedlichste Einheiten, für Familien wie für Wohngemeinschaften, für Wohnen pur oder in Verbindung mit Arbeitsräumen.

Das Wohnbauexperiment KraftWerk1 in Zürich geht in seinem Anspruch und in den Dimensionen über das Berner Projekt hinaus. Dieses Großprojekt einer neuen, hochmotivierten Genossenschaft mit Bünzli Courvoisier und Stücheli Architekten schafft Raum für rund 300 Bewohner und Bewohnerinnen und ausgedehnte Gemeinschaftseinrichtungen wie Gemeinschaftsräume, Kindertagesstätte, Waschsalons, Pantoffelbar und Restaurant. Dazu rund 100, zum Teil quartierbezogene Arbeitsplätze, Ateliers und eine offene Dachlandschaft, die den fehlenden Garten ersetzt. Es will aber nicht nur Räume, sondern gesellschaftliche Perspektiven eröffnen: »Suiten« genannte, große Wohngemeinschaften bilden das Kernstück des Kraftwerks. Liebhaber großzügiger Verhältnisse können sich hier für wenig Geld Wohnräume in Villen-Dimensionen leisten, die sie allerdings mit zehn bis zwölf Mitbewohnerinnen zu teilen haben. Die ganze Überbauung ist nicht nur von hoher architektonischer Qualität, sondern zugleich demokratisch organisiert und ökologisch vorbildlich eingerichtet. Dass die lange als weltfremde Träumer belächelten Initiantinnen und Initianten des Kraftwerks kommerzielle Investoren fanden, mit denen sie ihr Projekt realisierten, ist ein interessanter Hinweis und zeigt, dass der Markt der Zukunft nicht im Bau von Standardwohnungen liegt, sondern in der Suche nach neuen Wohnformen, die dem städtischen Leben von heute entsprechen.

Daniel Kurz, Zürich

Freier Autor und Informationsleiter im Amt für Hochbauten der Stadt Zürich.

Quellen:
Christoph Allenspach,
Architektur in der Schweiz,
Zürich 1998

Stand der Dinge – neuestes Wohnen in Zürich.
Katalog, Zürich 2002

Arch+,
Aachen, Nr. 158, Dezember 2001

Du,
Zürich, Nr. 5, 1992

Werk, Bauen + Wohnen,
St. Gallen, Nr. 10, 2002

Werk, Bauen + Wohnen,
St. Gallen, Nr. 12, 2002

Baujahr
2000
Planungszeit
10 Monate
Bauzeit
18 Monate
Grundstücksgröße
6.380 m²
Wohnfläche
3500 m²
Landschaftsarchitektur
Ganz/Kuhn+Truninger
Kunst
Blanca Blarer
Mitarbeit
Thomas Schwendener,
Philipp Brunnschweiler, Sandra Flury

Angélil/Graham/Pfenninger/Scholl Architecture|Zürich

Waschanstalt in Zürich|Kanton Zürich

Wo einst gewaschen wurde, steht heute ein kleines Quartier. Das Areal der Waschanstalt vor (oben) und nach der Umnutzung.

Dynamik und Pioniergeist sind die Attribute, mit denen sich das junge Architektenteam um Marc Angélil, Sarah Graham, Reto Pfenninger und Manuel Scholl kurz und prägnant charakterisieren lassen. Seit ihnen mit der Forchbahnstation in Esslingen bei Zürich ein fulminanter Einstieg in die Schweizer Architekturszene gelang, behauptet sich das junge Büro bei prestigeträchtigen Objekten wie der Waschanstalt in Wollishofen ebenso wie dem neuen Flughafendock in Zürich-Kloten (in der Planergemeinschaft Zayetta zusammen mit dem Zürcher Architekten Martin Spühler). 1982 hatten Marc Angélil und Sarah Graham ein Architekturbüro in Los Angeles gegründet. Nach ersten Bauten in Boston entstanden u.a. ein Ladengeschäft und eine Platzüberdachung für ein School District in Los Angeles. Mit dem 1990 gewonnenen Wettbewerb für ein neues Zentrum in Esslingen, dem ersten Auftrag in der Schweiz, gründeten sie ihr Büro in der Limmatstadt. Als Partner stießen Reto Pfenninger und Manuel Scholl hinzu. Der funktional praktische und gleichzeitig luftig transparente Bau machte das junge Architektenteam in der ganzen Schweiz bekannt und brachte ihnen Einladungen zu bedeutenden Wettbewerben. Gleich zwei ihrer Studienaufträge, nämlich ihr Entwurf für die Umnutzung der Waschanstalt Zürich sowie für die Errichtung eines neuen Flughafendocks, des so genannten »Dock Midfield« in Kloten, wurden mit dem ersten Preis ausgezeichnet. Weitere Projekte wie etwa die Gestaltung des Areals Milchküche in Winterthur, zwei Wohnbauten an der Hohenbülstraße in Zürich und ein Children's Museum in Los Angeles sind zurzeit in Planung.

Das Team um Marc Angélil, Sarah Graham, Reto Pfenninger und Manuel Scholl im Zürcher Büro.

Nur wenige Meter trennen die 20 Wohnungen der Waschanstalt vom See.

Die Fattoria Blu im Erdgeschoss an der Seestraße.

Die Geschichte der Waschanstalt Zürich ist eine Geschichte des Wandels. Begonnen hatte sie mit einer Reise nach Paris Mitte des 19. Jahrhunderts. Hier entdeckte der Zürcher Unternehmer Heinrich Treichler erstmals die auf der Seine ankernden Waschschiffe. Treichler brachte diese Idee nach Zürich und beauftragte 1861 keinen geringeren als den berühmten Architekten Gottfried Semper mit dem Entwurf für ein solches Waschschiff. Das Treichlersche Waschschiff war ein großer Erfolg und ein Manifest des Klassizismus. Der tüchtige Unternehmer musste schon bald expandieren und fand ein Gelände am linken Seeufer in Wollishofen, das damals noch ein Vorort von

Von der angelegten Gasse aus werden die Wohnungen und Ateliers erschlossen.

Aufgang zu einem Atelier.

Mit der Umnunutzung der Waschanstalt, für deren gelungene Ausführung dem jungen Büro 2001 die Auszeichnung guter Bauten im Kanton und ein Jahr später die Auszeichnung für gutes Bauen der Stadt Zürich verliehen wurde, erhielten Angélil/Graham/Pfenninger/Scholl Architecture die Möglichkeit, ein traditionsreiches Industrieareal neu zu gestalten. Der von ihnen entworfene Komplex trägt der Geschichte des Ortes Rechnung. Obwohl rund 90 Prozent der Substanz neu ist, ist die Auseinandersetzung mit Alt und Neu spürbar. Nicht die alte Bausubstanz blieb erhalten, sondern das Bild der alten Waschanstalt, ihre Schichtungen und ihre Proportionen. Mit der rund 30 Millionen Franken teuren Umnutzung schufen die Architekten eine hybride Anlage, die Wohnen, Arbeiten, Freizeit und Einkaufen unter einem Dach vereint. So stehen heute an der Stelle, wo früher Wäsche gewaschen wurde, 20 Wohnungen, zahlreiche Büros, ein Restaurant, ein Einrichtungsgeschäft und ein italienischer Delikatessenladen.

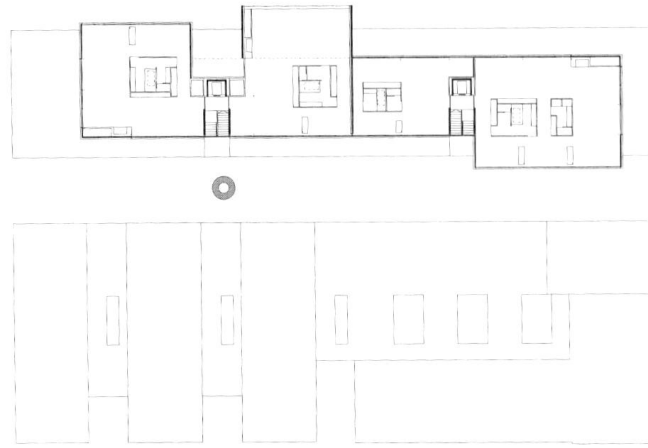

Dachgeschoss

Zürich war. Die schwimmende Waschküche wurde an das Wollishofener Seeufer angedockt und kam durch Aufschüttung des Seeufers zum Liegen. In den darauffolgenden Jahren gesellten sich Trocknerei, Kesselhaus, Chemische Wäscherei und Färberei hinzu. So wuchs bis zur Jahrhundertwende die mächtige Waschanstalt heran. Noch heute markiert die Hülle des schlichten Backsteinbaus von 1906 an der Ecke des Areals das Tor zu Zürich. An dem Patchwork aus heterogenen Zweckbauten wurde bis in die zweite Hälfte des 20. Jahrhunderts weiter gebaut. 1959 fand die letzte wichtige Erweiterung der Anlage statt. Der Zürcher Architekt André Bosshard entwarf einen eleganten Stahlskelettbau, dessen gesamte Fassadenlänge mit milchigen Glasbaustein-Streifen überzogen war. Mit der Fusionierung zwischen der Waschanstalt und der Firma CWS 1997 begann die vorerst letzte Station im Wandel des Areals, das seit rund hundert Jahren im Besitz der Lienhardt & Partner Privatbank ist.

Stadtauswärts fahrend, fallen zunächst die drei zur Straße hin auskragenden Kuben auf. Die sich auffallend über das Erdgeschoss hinausschiebenden, indischroten Boxen sind ein architektonischer Ersatz für das markante alte Zackendach. Gleichzeitig verweisen die Architekten mit ihnen auf die roten Backsteinfriese des anschließenden Altbaus, der mit einem Aluminiumbau erweitert wurde und heute als Ausstellungs- und Showgebäude für eine Modeagentur dient. Die fingerartigen Boxen wurden in neun Büroräumlichkeiten unterteilt. Sie liegen auf einem gläsernen Sockelgeschoss, dessen Transparenz die Sicht auf den dahinter liegenden Wohntrakt freigibt. Auf diese Weise wird die Schichtung der Gebäude in verschiedenen Dimensionen und Richtungen erlebbar. Die Architekten unterteilten das Areal nutzungsgerecht in einen viergeschossigen seeseitigen Riegel mit Luxuswohnungen und dem Restaurant sowie einen zweigeschossigen Bereich auf der Straßenseite mit Büros, Läden und Ateliers. Mit einer innenliegenden

Galeriegeschoss

Obergeschoss

Erdgeschoss

Höhe und Schichtung sind in den zweistöckigen Lofts spürbar. Die Räume sind offen konzipiert und fließen ineinander.

Erschließungsgasse lösten sie die Probleme des Grundstücks, nämlich die Belichtung und die Erschließung eines Areals, das zwei völlig verschiedene Seiten hat. Der hoch über das Areal hinausragende Kamin trennt dabei den öffentlichen vom halb privaten Teil der Gasse und bringt so eine Hierarchie der Richtungen.

Für den Wohnungstrakt am See stand die alte Fassade des Bosshard'schen Industriegebäudes Pate. Die raumhohe Verglasung und die vorgehängten Aluminiumpaneele sprechen die kühle Sprache des ehemaligen Dienstleistungsgebäudes. Drei Wohnungstypen wurden in den über 40-jährigen Stahlskelettbau integriert, dessen Grundstruktur aus pragmatischen Gründen übernommen wurde. Das vorhandene Raster des Stahlskelettbaus wurde dabei um gut 1 Meter in der Tiefe erweitert. Der Baukörper wurde in acht querverlaufende Tranchen unterteilt, die alle über einen attraktiven Wohnraum mit Blick auf den See verfügen.

Im Erdgeschoss befinden sich zweistöckige Lofts. In die ehemalige Halle wurde eine Galerie eingezogen, auf der sich heute ein offenes Schlafzimmer und ein zweites Bad befinden. Türen und abgeschlossene Zimmer gibt es hier nicht. Alle Räume sind offen konzipiert und fließen ineinander. Dennoch vermitteln die Lofts ein unterschiedliches Raumgefühl, das die gewünschte räumliche Großzügigkeit an manchen Stellen vermissen lässt. In den Stockwerken darüber liegen auf derselben Grundfläche acht weitere, eingeschossige Lofts. Die Etagenwohnungen erhalten durch die Nasszellen eine minimale Strukturierung. Hier wurde, im Gegensatz zu den zweistöckigen Lofts, die Küche ins Zentrum gerückt. Sie gliedert den großen Raum in zwei Zonen. Zudem bietet ein hohes Garderobenelement in der offenen Wohnfläche Stauraum.

Die wohl spektakulärsten Wohnungen der Anlage befinden sich auf dem Dach. Auf bis zu 220 Quadratmetern Wohnfläche genießt man hier einen luxuriösen Innenausbau und einen grandiosen Blick auf den See. Im dem zurück-

Offenheit und Transparenz bestimmen die Wohnungen.

Galeriegeschoss in einer Maisonettewohnung.

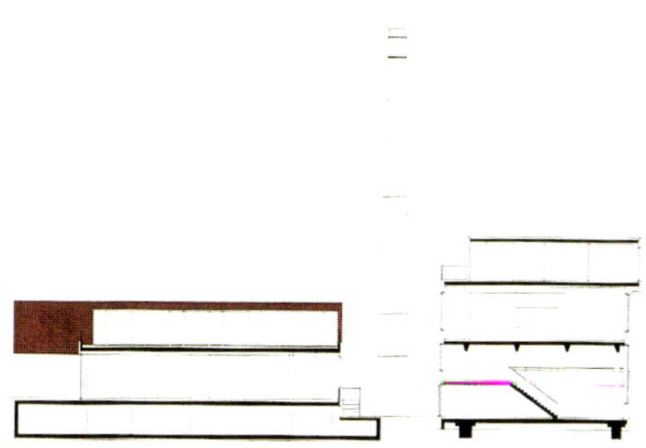

Schnitt

Südwestansicht. Die drei roten Boxen prägen das Bild der Waschanstalt.

versetzten Attikageschoss, einem Neubau aus Holz, sind vier Wohnungen mit großzügigen Terrassen untergebracht. Die Architekten konzipierten sie unabhängig von den darunter liegenden Wohnungen. Bad und Waschküche sind in einem hellen ahornverkleideten Korpus versteckt, der den Raum um sich herum definiert. Der schlichte Einbau unterteilt die weite Fläche in eine rückseitige Schlafzone sowie in einen seeseitigen Wohn- und Essbereich.

Wie die Architektur der Waschanstalt ist auch die Umgebungsgestaltung der Transparenz verpflichtet. Die Landschaftsarchitekten Ganz/Kuhn+Truninger fassten mit ihrer Freiraumgestaltung das Gelände, ohne die Durchlässigkeit und Leichtigkeit der Anlage zu beeinträchtigen. Den südlichen Freiraum akzentuieren Bänder aus verschiedenen Fliedersorten. Auf der Nordostseite strukturieren zwei niedrige Hecken den Grenzbereich der privaten Gärten. Im davorliegenden Kies begrenzen ein mit Iris, Lavendel und Wildstauden bepflanztes Beet die Gärten. Die Freifläche zwischen der Waschanstalt und dem Freibad Wollishofen markieren mächtige hohe Zitterpappeln.

Terrasse der Dachgeschosswohnung.

Der helle Korpus in der Dachgeschosswohnung definiert den offenen Raum um sich herum.

Wohnraum in der Dachgeschosswohnung.

Baujahr
2001
Planungszeit
10 Monate
Bauzeit
14 Monate
Grundstücksgröße
953 m²
Wohnfläche
320 m²
Mitarbeit
Nicola Romerio

Michele Arnaboldi | Locarno
Doppelhaus in Brissago | Kanton Tessin

Schmale Wege und Treppen sind typisch für das Tessin. Sie wurden von Arnaboldi in der Anlage des Doppelhauses weitergeführt.

Seit einem guten Jahr steht an den Hängen von Brissago ein bauliches Kleinod: das Doppelhaus in Incella von Michele Arnaboldi. Das langgestreckte Betongebäude liegt hoch über dem Lago Maggiore zwischen Palmen und Kamelienbäumen und fügt sich wie selbstverständlich in die Landschaft ein. Es gibt sich modernistisch, übernimmt aber mit seinen Granitmauern, den Innenhöfen und Erschließungswegen zentrale Elemente der alten Dorfstruktur. Arnaboldi übernahm in seiner Architektur die für das Tessin charakteristische Terrassierung. Zwei vorhandene, aber nur noch rudimentär erkennbare Terrassen ließ er wieder freilegen, die dritte Terrasse legte er mit dem Bau des Hauses neu an. Auf der obersten Terrasse befindet sich nun ein Parkplatz, auf der zweiten die beiden Häuser und auf der untersten ein alter Garten mit tropischen Pflanzen. Von der Hangstraße kommend, sieht man zunächst nur auf ein langes, schmales Betondach hinab, das Arnaboldi ähnlich den Befestigungsmauern der Terrassen strukturierte. Um zu den Häusern zu gelangen, muss man eine schmale Treppe hinabsteigen, an die sich ein schluchtartiger und durch eine Stützmauer begrenzter Gang anschließt. Der auf der Hangseite liegende Gang erschließt die beiden zweistöckigen Häuser. Zudem verläuft zwischen den beiden Häusern ein neu angelegter Treppenweg, der in den Garten führt. Die kleinen, schmalen Wege und Treppen sind typisch für das Tessin und wurden von Arnaboldi auf diese Weise in dem Doppelhaus weitergeführt.

Die Grundrisse der beiden Häuser sind identisch, liegen aber gespiegelt zueinander. Im oberen Stock befinden sich Küche und Wohnraum, an die sich seitlich je ein kleiner Hof anschließt. Durch wandhohe Schiebefenster, die auf einen Winkel zulaufen und keine Stütz- oder Verbindungselemente benötigen, lässt sich der Wohnbereich zum Garten hin vollständig öffnen, der auf diese Weise zu einer Erweiterung des Wohnraums wird. Zudem ist der Garten von einer hohen Betonmauer umgeben, die ihm die Atmosphäre eines intimen Raums verleiht. Ein einziger vorgespannter Träger stützt das Dach im Atriumbereich, wodurch die Offenheit des Gebäudes noch zusätzlich unterstrichen wird. Durch die hohen Schiebefenster wird die Trennung zwischen Außen- und Innenraum fast aufgehoben und

Zwischen den beiden Häusern führt ein neu angelegter Treppenweg in den Garten.

Mit den Granitmauern, Innenhöfen und Erschließungswegen wurden zentrale Elemente der Dorfstruktur übernommen.

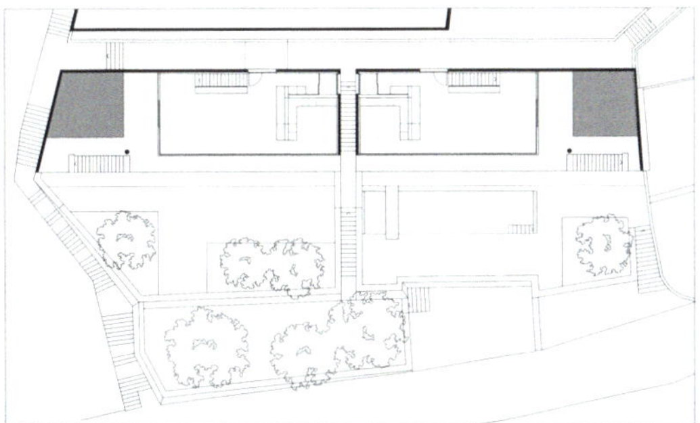

Grundriss

Südwestansicht. Die Grundrisse der beiden Häuser sind identisch, liegen aber spiegelverkehrt zueinander.

die freie Sicht auf den See und die Berge gewährleistet. Im unteren Stock befinden sich die Schlafräume. Auch hier sind die Fenster wandhoch, doch mit durchsichtigem Glas und Milchglas unterschiedlich materialisiert und strukturiert. Mit ausziehbaren, gelochten Aluminiumtüren lassen sich die Zimmer auch anstelle der Glasschiebetüren nach außen hin schließen. Gleichzeitig entsteht durch ihre Struktur ein faszinierendes Licht- und Schattenspiel auf Böden und an den Wänden, das die wechselnden Jahreszeiten mit ihrem unterschiedlich intensiven Licht spürbar werden lässt. Errichtet wurde das Doppelhaus aus Sichtbeton. Als Bodenbelag für die Küchen, Bäder und Wohnbereiche wurde hellgrauer, kristalliner Marmor aus dem Maggiatal verwendet. Die Schlafräume sind mit Linoleum ausgestattet. Alle Räume sind durch wandhohe Türen miteinander verbunden, die zusammen mit den Schiebefenstern das fließende Raumkonzept unterstreichen.

Seine Inspirationen holt sich Michele Arnaboldi in der Natur. Seine bevorzugten Materialien – Marmor, Holz, Granit und Beton – stammen ausschließlich aus dem Tessin. Zu den Grundlagen seines Arbeitens gehört das immer neue Ausloten der konventionellen Materialien und ihrer Möglichkeiten. In diesem Zusammenhang interessiert ihn vor allem die Wirkung der Strukturen im Licht. Beton, der gestalterisch viel Freiheit erlaubt und in der Tessiner Baukunst gut verankert ist, ist das Material, das Arnaboldi für die Realisierung seiner Entwürfe am häufigsten verwendet. Die Betonflächen lässt er mit einer weißlich schimmernden, glasurartigen Schutzschicht versehen, die den Bauten einen edlen matten Glanz verleihen. Doch spielt letztlich der Ort eine entscheidende Rolle, welches Material zum Einsatz kommt. So besteht das Einfamilienhaus in Solduno, das Arnaboldi 1999 baute, aus einer reinen Holzkonstruktion, die auf einem Betonsockel ruht. Entscheidend für die Materialisierung war in

Die schmale Treppe verbindet den Wohnbereich im ersten Stock mit den Schlafräumen im unteren Geschoss.

diesem Fall die schwierige Lage des Hauses inmitten einer kleinteiligen Bebauung. So suchte der Architekt nicht nur in der Architektur einen Bezug zu den bestehenden Häusern, sondern auch in der roten Fassade, die die Farbe der Ziegeldächer weiterführt. Wesentliche Impulse für seine Arbeit erhielt der Tessiner Architekt während seiner sechsjährigen Tätigkeit im Büro von Luigi Snozzi in Locarno. Doch geht er längst eigene Wege. Er verzichtet darauf, im Geist der »Tendenza« den Ort zu bauen und entwirft rational durchorganisierte, meisterhaft proportionierte Bauten. Schon eines seiner frühen Projekte, das 1991 fertiggestellte Haus Righetti in Arcegno, beruht auf einer einzigen architektonischen Geste. Der langgestreckte, rechtwinklig zum Hang errichtete Bau verbindet zwei über- und untereinanderliegende Volumen, wodurch der Architekt eine Differenzierung der Wohneinheiten erzielte. Durch die Wahl des vorgespannten Stahlbetons erreichte er eine Freisetzung großer Flächen und eine ungewohnt großzügige Raumaufteilung. Seit 1985 führt Michele Arnaboldi sein Büro in Locarno, in dem neun Mitarbeiter beschäftigt sind. Zu seinen wichtigsten Projekten gehören der Masterplan für die Weltausstellung in Hannover, ein Projekt für die Erweiterung des Verkehrshauses in Luzern sowie der Entwurf für eine Arteplage in Yverdon im Rahmen der Landesausstellung Expo.02. Daneben baute er im Tessin zahlreiche bemerkenswerte Wohnhäuser und eine Siedlung. Doch so unterschiedlich die Bauaufgaben sein mögen, seine Projekte zeichnen sich alle durch eine Verbindung von Materialsinnlichkeit und Symmetrie, formaler Strenge und einem gewissen Hang zum Minimalismus aus.

Durch wandhohe Schiebefenster im Wohnbereich wird die Trennung zwischen Außen- und Innenraum aufgehoben. Hellgrauer, kristalliner Marmor aus dem Maggiatal dient als Bodenbelag für die Küche, das Bad und den Wohnbereich.

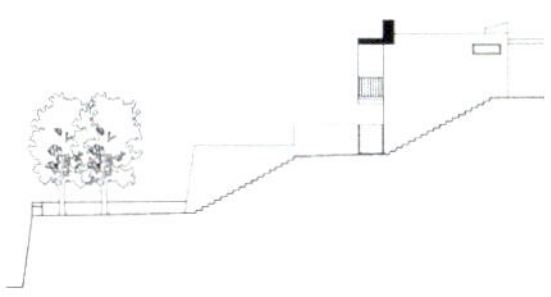

Schnitt

Südansicht

Baujahr
2000
Planung
1 Jahr
Bauzeit
1 Jahr
Grundstücksgröße
3.000 m²
Wohnfläche
320 m²
Mitarbeit
Marc Widmann

Andrea Bassi|Genf
Villa in Collonge-Bellerive|Kanton Genf

Beispiel für eine neue Villengeneration: das von Andrea Bassi entworfene Haus am Ufer des Genfer Sees.

Vielfältig und undoktrinär sind die Bauten einer neuen Architektengeneration, die sich in den letzten Jahren in der Romandie entwickelt hat. Einer von ihnen ist Andrea Bassi. Die Bauten des gebürtigen Tessiners sind elegant, zeitgenössisch und präzise konstruiert. Zu seinen jüngsten Projekten gehören vier fast zeitgleich realisierte Villen in der unmittelbaren Umgebung Genfs, darunter eine Villa in Collonge-Bellerive. Jedes der Häuser ist ein Unikat, das die unmittelbare Umgebung reflektiert. Doch ist die Villa in Collonge-Bellerive die radikalste unter den vieren. Trotz unterschiedlicher Materialisierung verbindet die Wohnbauten eins, die Suche nach einer der »campagne genevoise« angemessenen Architektursprache. Die »campagne genevoise«, das Genfer Umland, umfasst sanft hügelige, von Eichen, Hecken und Häusern bestandene Wiesen beidseits des Genfer Sees. Aber die Idylle mag heute nur noch auf den ersten Blick so bestehen. Denn die Bebauungsdichte hat in den letzten Jahren derart zugenommen, dass sich der Reiz bald nur noch auf den Namen beschränken und die Landschaft kaum von der anderer Agglomerationen unterscheiden könnte. Andrea Bassi versucht mit seiner Architektur, dieser Entwicklung entgegenzutreten. Für den in Genf ansässigen Architekten ist

Der gebürtige Tessiner
Andrea Bassi lebt in Genf.

Die Promenade durch das Haus beginnt mit einem überdeckten Zugangsweg.

Das Gebäude liegt oberhalb zweier alter Häuser am unmittelbaren Seeufer.

Der Baukörper endet mit einem vollständig verglasten Kopf über einem massiven Sockel, in dem sich die Kinderzimmer befinden.

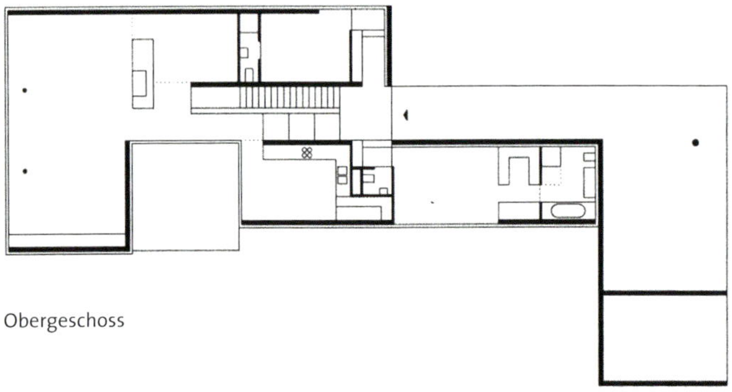

Obergeschoss

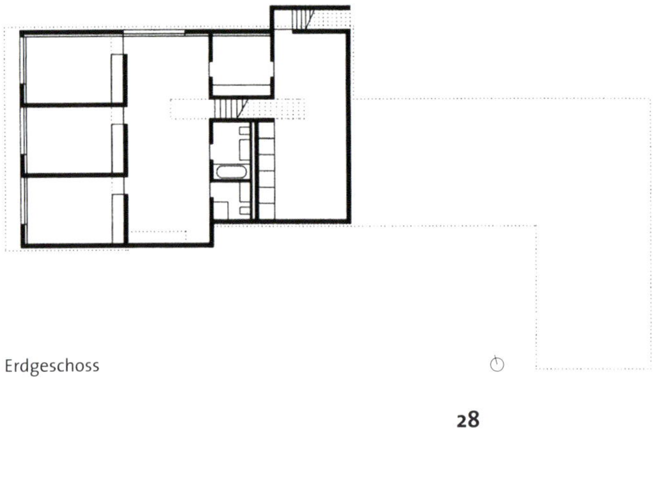

Erdgeschoss

Das Gebäudevolumen ist in seinem mäandrierenden vorderen Teil eingeschossig.

die Suche nach den Zusammenhängen zwischen den Elementen, nach einem allgemeinen Konzept für einen Bereich, der im Übergang zwischen Stadt und Land liegt, das zentrale Anliegen.

Andrea Bassi setzt der fortschreitenden Entwicklung seine Vorstellungen von einer »ville verte« entgegen, dem ausgewogenen Verhältnis von Mensch, Stadt und Landschaft. Seine wichtigsten Impulse zieht er aus dem Ort, wo er baut. Dabei geht Bassis Konzept auf keine ausgereifte und festgeschriebene Theorie zurück. Es handelt sich vielmehr um das Resultat seiner Praxis. Der 37-jährige Architekt möchte das Charakteristische des Genfer Umlands, in dem noch das domestizierte Grün dominiert, entdecken und weiterführen. Seine Architektur soll nicht wichtiger sein als die Landschaft, in der sie steht. Beides solle sich die Waage halten und sich gleichberechtigt ergänzen, sagt Andrea Bassi. Wenn möglich, baut er flach.

Seine Ausbildung hatte Bassi zunächst an der eher technisch und konstruktiv ausgerichteten Architekturabteilung der Fachhochschule in Lugano absolviert. Anschließend arbeitete er in Architekturbüros im Tessin und in Italien. Ein Jahr später siedelte Bassi nach Genf und studierte dort ein zweites Mal Architektur an der Universität der Calvinstadt. Nach seinem Abschluss arbeitete Andrea Bassi zwei Jahre lang als Projektleiter im renommierten Zürcher Architekturbüro von Marianne Burkhalter und Christian Sumi. Die beiden Deutschschweizer Architekten machten sich durch hohe handwerkliche Qualität und eine kräftige, aber ausgewogene Farbgestaltung ihrer Holzbauten einen Namen. Hier holte sich Andrea Bassi sozusagen seinen letzten Schliff, bevor er mit Pascal Tanari 1994 ein Büro in Genf eröffnete. Mittlerweile führt er seit fünf Jahren ein eigenes Architekturbüro, in dem zur Zeit elf Mitarbeiter beschäftigt sind. Bereits mit seinen ersten Bauten, zwei spektakulären Villen oberhalb des Genfer Sees, schuf Andrea Bassi eine eigenständige Architektursprache und gelungene Beispiele für gehobenes Wohnen. Danach folgten unter anderem eine Arztpraxis und das Radiologiezentrum der Klinik von Carouge. 1998 gewann Bassi den Architekturwettbewerb für den Bau eines Gemeindezentrums in Pregassona, das noch nicht realisiert werden konnte, daneben projektierte er ein Hotel in Lugano. Zudem gewann er vor kurzem zwei Architekturwettbewerbe für neue Schulhäuser in Genf und Neuenburg. Eine Privatbank in Genf ist in Bau.

Die Fassade besteht größtenteils aus mit Aluminiumprofilen eingefasstem Glas.

Schnitt

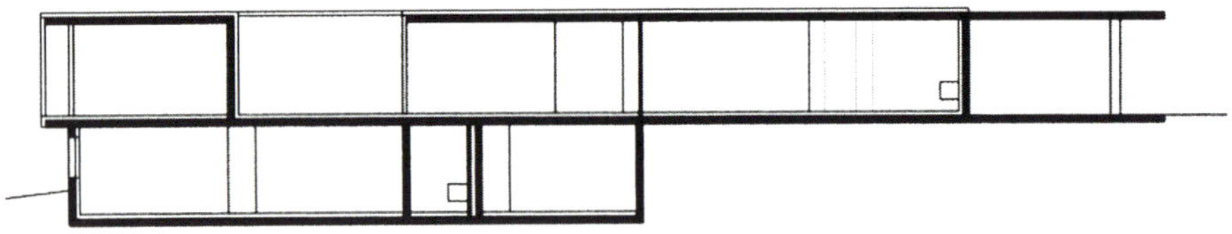

Die im Osten von Genf gelegene Villa entstand in enger Auseinandersetzung mit den Vorstellungen der Bauherren. Mit »spitzem Bleistift« schuf Bassi lichte Räume und scharfkantige Körper, die er in eine moderne, schnörkellose Sprache fasste. Bei seinem Entwurf beschränkte sich Andrea Bassi nicht auf das reine Produzieren eines architektonisch auffallenden Objekts. Die Villa setzt sich nicht in Szene, sondern ist ein bewohnbarer Ort, der zwischen Landschaft und Bewohnern vermittelt. Das Wohnhaus liegt oberhalb zweier alter Häuser am unmittelbaren Seeufer, die im Besitz derselben Familie sind. Begrenzt wird das Grundstück von See und Wald. Seitlich fügen sich die parkähnlichen Gärten der Nachbarhäuser an. Der Neubau definiert verschiedene Außenräume und dient als Pforte und Aussichtsplattform zum See.

Der innere Gang und die Küche öffnen sich zu einem intimen Hof.

Die Glasfassade versinnbildlicht das nahe Wasser.

Bei allen Projekten beschäftigt sich Bassi intensiv mit neuen Möglichkeiten, Materialien und Oberflächen gezielt einzusetzen. Auf diese Weise gelingt es ihm immer wieder aufs Neue, die Verknüpfung von Gebautem und Gewachsenem, von Innenraum und Außenraum zu thematisieren und die materielle, visuelle und räumliche Verwebung zwischen Landschaft und Haus konsequent umzusetzen. Bei der Konzeption der Villa in Collonge-Bellerive hat der Tessiner mit dem Material der Fassade bewusst Elemente der Landschaft aufgegriffen. Die Fassade besteht größtenteils aus Glasflächen, die mit bis aufs Äußerste reduzierten Aluminiumprofilen eingefasst sind, die Bassi selbst entwickelt hat. Das Glas soll eine Art Abbild des Wassers sein. Wie im See spiegeln sich in ihm Vegetation und Wetter in immer wechselnden Licht- und Farbstimmungen. Dort, wo sich die Glasflächen nicht als Fenster öffnen, dienen sie milchig blau eingefärbt als äußere Fassadenschicht vor der massiven Wand. Dem hangsei-

Bassi konzipierte das Haus als »Promenade zum See«.

Der Korpus im Wohnraum dient als Kamin, Bücherregal und Raumteiler.

Der Essbereich im Wohnraum.

Mit dunklen Holzoberflächen bietet der Innenraum den nötigen Rückhalt.
Nichts hindert die Sicht im Wohnbereich, der im verglasten Kopfteil untergebracht ist.

tigen Wald stellt sich das Haus mit einer Betonwand entgegen.

Mit dem Gang zur Haustüre beginnt die »Promenade zum See«, als die der Architekt das Haus verstanden wissen möchte. Die Form der Villa bezeichnet Bassi als organisch: eine Hauptachse mit Zimmern zu beiden Seiten. In seinem vorderen, dem See abgewandten Teil ist das Gebäude noch eingeschossig. Folgt man dem überdeckten Zugang, dann öffnen sich der innere Gang und die Küche zu einem intimen seitlichen Hof. Seeseitig verfügt die Villa über einen massiven Betonsockel, in dem sich die Kinderzimmer befinden. Darüber ruht der vollständig verglaste Kopfteil, in dem der Wohnbereich untergebracht ist. Nichts hindert hier die Sicht. Der äußeren Form entspricht im Inneren der Weg vom Eingang zur außergewöhnlichen Aussicht. Der Innenraum bietet mit seinen Rückzugsbereichen und den dunklen Holzoberflächen den nötigen Rückhalt, den der Betrachter der grandiosen Seeweite braucht: Eine Atmosphäre fast wie in einem Schiff.

Baujahr
2001
Planungszeit
8 Monate
Bauzeit
8 Monate
Grundstücksgröße
439 m²
Wohnfläche
242 m²
Mitarbeit
Claudia Drilling

Valentin Bearth, Andrea Deplazes, Daniel Ladner AG|Chur

Einfamilienhaus in Fläsch|Kanton Graubünden

Wie eine Skulptur steht das Einfamilienhaus am Rand des Weinbauerndorfes Fläsch.

Versteckt in Rebbergen duckt sich das Weinbauerndorf Fläsch unter mächtigen Felsen. Aus der Entfernung ist die kleine Ortschaft im sonnigen Rheintal kaum zu sehen. Mag sein, dass dies einer der Gründe ist, warum Fläsch in seinem Kern auch heute noch über eine intakte und sehr prägnante Architektur verfügt. Großzügige und stämmige Bauernhäuser mit kantig geschnittenen Satteldächern, die förmlich aus der Gasse hochwachsen, säumen hier die Dorfstraßen. Eine schiere Masse, die Repräsentanz und Wohlstand ausstrahlt. Am Ende der verwinkelten Gasse, dort wo der Übergang vom Dorf zum Weinland beginnt, haben Bearth & Deplazes ein bemerkenswertes, kraftvolles Einfamilienhaus errichtet: einen Monolithen aus Beton, mehr Turm als Haus.

Für die Churer Architekten gibt es bei allen ihren Projekten keine a priori fertige Vorstellung, wie die Architektur auszusehen hat, jedoch aber konzeptuelle Gedanken als Grundlage ihrer Entwurfsarbeit. Sie entwickeln ihre Projekt jeweils aus den zwingenden Parametern, ohne einen von vornherein festgelegten Formwillen hineinzwängen zu wollen. Was abstrakt klingt, wird am Haus in Fläsch fassbar. Auch bei diesem Entwurf gab es für sie keine von Anfang an festgelegte Typologie. Vielmehr gingen sie von der Frage aus, welche Kräfte auf das

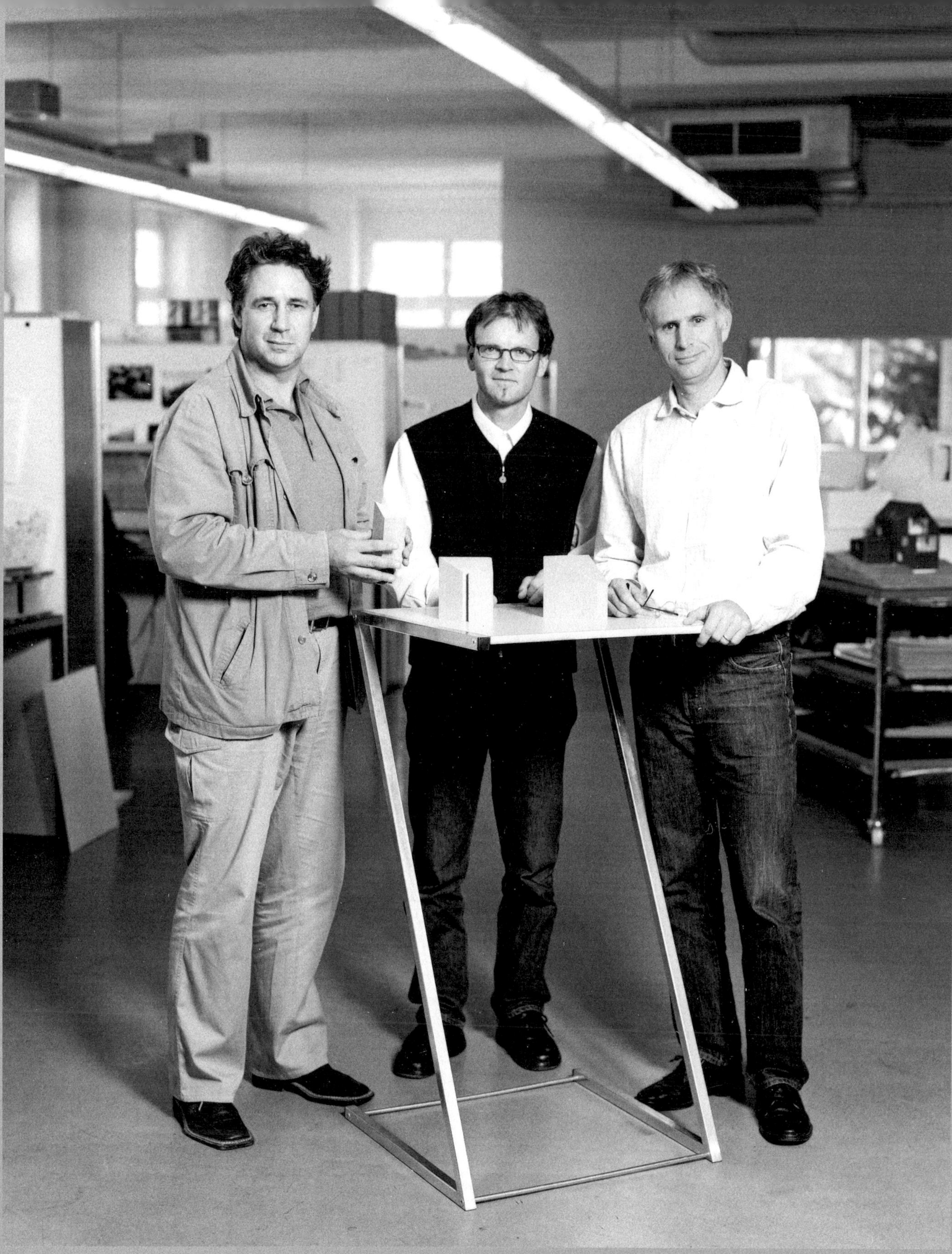

Die Churer Architekten Andrea Deplazes, Daniel Ladner und Valentin Bearth.

Ansicht von Westen.

Charakter und unterstreicht, dass die Architekten nicht das Thema »Holzhaus« in den Vordergrund stellen wollten. Der Bau erscheint mit seiner lasierten Holzverschalung homogen, fast schon monolithisch. Der Grundriss ist polygonal, jedoch aus völlig anderen Gründen als das Fläscher Haus. Obwohl es jenem äußerlich ähnlich ist, wurde das Haus in Sevgein schmal und hoch konzipiert, um den »Geländefluss« spürbar werden zu lassen und die Lichtung unverbaut.

In ihrer Arbeit konzentrieren sich die Architekten nicht auf die äußere Form und die Funktion eines Gebäudes, vielmehr durchdringt ihr Konzept den Entwurf auf allen Ebenen und bedingt so

Projekt wirken, damit es Form annimmt. Einer der bestimmenden Faktoren war die seltsam abgewinkelte Parzelle. So verdankt das Haus seine kristalline fünfeckige Form auch dem spitzwinkligen Grundstück beziehungsweise den im Baugesetz vorgeschriebenen Grenzabständen und dem im Süden vorgelagerten kleinen Garten. Der kompakte »Räumling« – ein Begriff, der von Andrea Deplazes stammt – sichert die Dorfgrenze, fasst den Gassenraum und leitet mit seiner abgeknickten Fassade zu den offenen Rebbergen über.

Der turmartige Baukörper wurde aus einem Guss hochgezogen. In seiner Erscheinung gedrungen und plastisch, mit unregelmäßig gesetzten Öffnungen finden sich in ihm, weil ähnliche Raumprinzipien gewirkt haben, deutliche Ableitungen von den alten Fläscher Herrschaftshäusern. Ohne dass Bearth und Deplazes, der gleichzeitig auch Professor für Konstruktion an der ETH Zürich ist, der Versuchung erlagen, formale Details zu kopieren. Die Fassaden bestehen aus einschalig-monolithischen, 50 Zentimeter starken Mauern. Bewusst wählten die Architekten eine aufrecht gestellte Bretterschalung: Ihre rohe Ungeschliffenheit macht als Abdruck eine Art Versteinerung des Holzes im Beton sichtbar. Die außen tief eingeschnittenen Fenster sind innen bündig als bildhafte, landschaftsbezogene Ausschnitte gebaut. Fensteröffnungen gibt es nur dort, wo sie aufgrund der Ausblicke oder Raumanordnungen gebraucht wurden. Das wegen der wenigen Öffnungen von außen verschlossen wirkende Haus ist durch die gezielt gesetzten Fenster innen überraschend hell und offen. Auch im Haus ist die Turmatmosphäre spürbar. Die Wohnräume sind auf drei Stockwerken untergebracht. Ein spiralförmiger Weg führt durch das Haus und eröffnet mit bildhaften Ausschnitten überraschende Ausblicke auf die schöne Landschaft. Im Erdgeschoss befinden sich Gästezimmer, Küche und der Essbereich, von dem aus man in den Garten gelangt. In der Mitte ist das Schlafgeschoss. Das Wohngeschoss unter dem Dach ist im Grundriss frei und bis zum Dach geöffnet. Eine Einbuchtung in der den Rebbergen zugewandten Fassade dient hier als kleine Terrasse. Alle Räume wurden massiv in Beton gegossen und grauweiß geschlämmt, sodass das pragmatisch Ungeschönte der Schalung auch innen spürbar ist, ohne rustikal zu sein.

Auch das 1998 fertiggestellte Haus in Sevgein macht eine ähnliche konzeptuelle und entwerferische Vorgehensweise der Architekten deutlich. Obwohl es sich um eine Holz-Rahmenkonstruktion handelt, ging es Bearth & Deplazes nicht darum, Holz technologisch oder materiell zu zeigen. So mindert das dunkle Grau der Fassade den hölzernen

Auf einem fünfeckigen Grundriss errichtet, wirkt das Haus von der einen Seite breit und lastend gelagert, von der Gartenseite dagegen turmartig aufstrebend.

Ansicht von Süden. Die aufrecht gestellte Bretterschalung macht als Abdruck eine Art Versteinerung des Holzes im Beton sichtbar.

die starke innere Kohärenz, die ihre Bauten auszeichnet. Sie verlassen sich nicht auf Herkömmliches, sondern hinterfragen und kehren gleichsam zum Ausgangspunkt zurück. Die Gondelstation in Arosa nimmt durch ihre leuchtenden Farben die Attribute des Sports, die Freude an der Bewegung und der Natur vorweg. An Sonnentagen stehen die Farben im Inneren im Kontrast zum strahlenden Blau des Himmels und zum Schnee. In den Glasfronten spiegeln sich das Wetter und jede noch so kleine Lichtveränderung. Berg- und Talstation wirken nahezu wie Tore in das Land des Skisports. Ist die Talstation zugeschneit, fügt sie sich wie ein Schneehügel in die Landschaft. Die Falttüren an der Turnhalle der Schule in Vella erinnern dagegen an Kulissen der Commedia dell'Arte und machen mit ihrer scheinbaren Zerbrechlichkeit neugierig. Mit dem Bau der Schule in Vella (1994–98) haben Bearth

Der monolithisch wirkende Beton verleiht dem Bau eine archaische Kraft.

Ausblick im Dachgeschoss. Die Einbuchtung in der Fassade dient als kleine Terrasse.

& Deplazes einen anderen Weg beschritten, als in der gängigen Nachhaltigkeitsdiskussion aufgezeigt wird. Die Betrachtung ästhetischer Fragen wurde in diesem Fall vom Aspekt der Nutzung von Sonnenenergie und von weiteren schulfunktionalen Kriterien abhängig gemacht. Das Schulhaus in den Schweizer Alpen kommt ganz ohne Heizung aus. Doch wird das ökologische Denken nicht in der Strukturierung des Baukörpers demonstriert. Technik interessiert die Architekten insofern, als dass sie eine »Knetmasse« ist, die man seinen Vorstellungen nach formen kann.

Auf den ersten Blick sieht das Gebäude wie aus einem Guss hergestellt aus. Der Schichtenaufbau der Fassade bleibt unsichtbar, die umwelttechnischen Funktionen gehen in der Synthese des Ganzen auf. In kleinen Details, wie etwa den Eckfenstern und tiefen Laibungen, wird die monolithische Erscheinung jedoch infrage gestellt und die nicht massive Fassade als eine Art Verpackung gezeigt.

Dachgeschoss

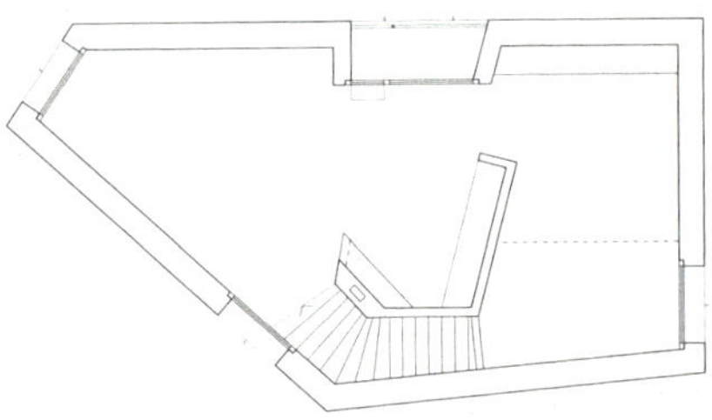

Obergeschoss

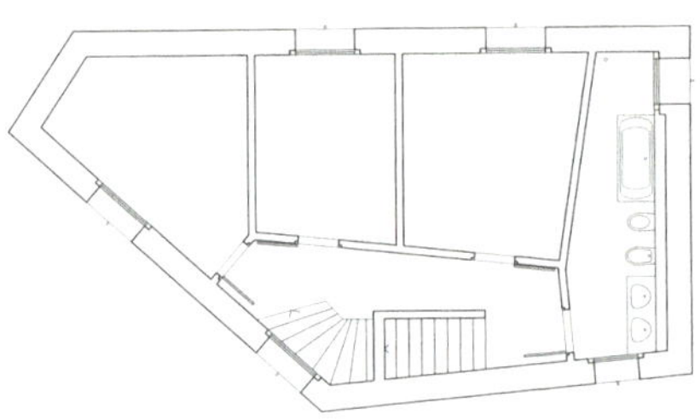

Erdgeschoss

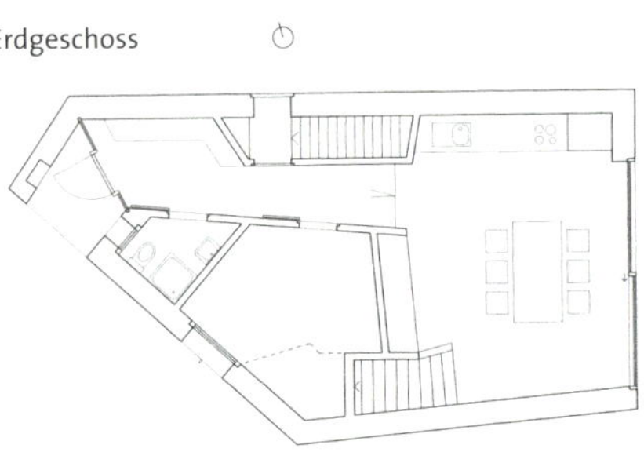

Die wenigen, unregelmäßig gesetzten Fenster sind innen bündig als landschaftsbezogene Ausschnitte gesetzt.

Kaminnische im Dachgeschoss.
Die Treppe führt am stumpfen Winkel der Hauptfassade entlang.

Die Wohnküche im Erdgeschoss öffnet sich zur Gartenseite hin.

Das Dachgeschoss, im Grundriss frei und bis zum Dach geöffnet, vereint Wohnraum und Studio.

Schnitt

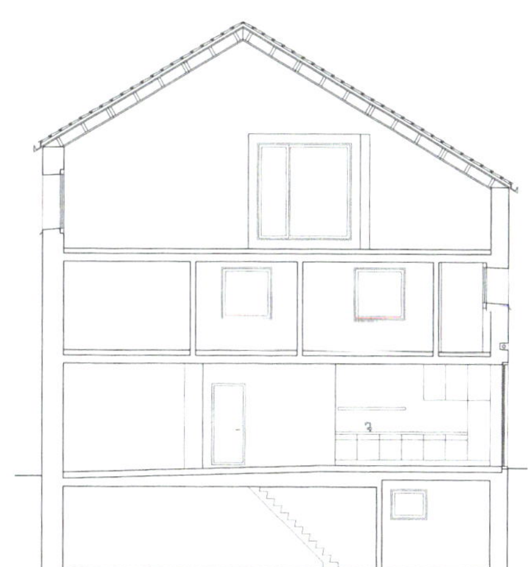

Baujahr
1999
Planungszeit
8 Monate
Bauzeit
6 Monate
Grundstücksgröße
1200 m²
Wohnfläche
220 m²

Bonnard & Woeffray | Monthey
Einfamilienhaus in Blonay | Kanton Waad

Selbstbewusst setzt das Wohnhaus mit Architektur und Farbgebung ein markantes Zeichen in seiner heterogenen Umgebung.

Die leuchtend rote Schachtel, die als militärisches Betriebs- und Instruktionsgebäude dient, liegt am Rande des Talbodens zu Füßen einer steilen Felswand in St.-Maurice. Ein paar Stufen führen an der fensterlosen Seitenfassade auf den dunkelgrauen Betonsockel, der bergseitig zur Erschließungsrampe wird. Innen sind die Decken mit gelben Holztafeln verkleidet, die Wände mit hellen Holzplatten. Die wenigen äußeren Betonwände sind schwarz eingefärbt.

Seit 1998 steht der scharf geschnittene, feingeschliffene Holzklotz inmitten der dramatischen Landschaft. Entworfen wurde er von Geneviève Bonnard und Denis Woeffray, die zu den wichtigsten Nachwuchsarchitekten in der Westschweiz gehören. Mit dem Bau des Militärgebäudes verschafften sich die beiden im Wallis ansässigen Architekten erstmals in der ganzen Schweiz Gehör und Beachtung.

Das Streben nach Reduktion des Details und ein auf die örtlichen Eigentheiten abgestimmtes Farbkonzept ziehen sich wie ein Leitfaden durch das Werk von Bonnard & Woeffray. So kennzeichnen sie beispielsweise auch das 1999 errichtete, hoch über dem Genfer See gelegene Einfamilienhaus in Blonay. Das längliche, zweistöckige Gebäude liegt inmitten von großen Weinbergen und Einfamilienhaus-Quartieren, die sich als Sammelsurium verschiedenster Baustile präsentieren. Mit ihrem Entwurf reagierten die beiden Architekten auf das heterogene Umfeld und schufen einen Bau, der sich selbstbewusst behauptet und mit Architektur und Farbgebung ein markantes Zeichen setzt. Gleichzeitig griffen sie aber auch typische Merkmale der bestehenden tradierten Baustile auf und transformierten diese in eine zeitgemäße Formensprache. So lehnten sie sich in ihrem Entwurf beispielsweise an das in den Häusern der Nachbarschaft vorkommende breite Satteldach an. Seeseitig durchbrechen jedoch schmale, fast überhohe und mit Kupfer eingefasste Lukarnen das Dach auf eine Weise, dass dieses wie abrupt abgeschnitten aussieht – und fast wie ein ironisches Zitat wirkt. Das satte Orange der Holzfassade erinnert an die Farben der Weinberge im Herbst und unterstreicht das Haptische der hölzernen Hülle. Gleichzeitig korrespondiert die lasiert aufgetragene Farbe mit derjenigen der Kupferrahmen an den Lukarnen.

Das zweigeschossige, auf einem Betonsockel ruhende Gebäude wirkt kompakt. Im Erdgeschoss öffnet es sich mit großen Glasfronten auf seiner gesamten Breite zum See und zur außergewöhnlichen Aussicht hin. Auf dieser Ebene befinden sich Wohnbereich, Küche und Essecke. Geneviève Bonnard und Denis

Geneviève Bonnard und Denis Woeffray gehören zu den wichtigsten Nachwuchsarchitekten in der Westschweiz.

Mit dem lasiert aufgetragenen Orangeton wird das Haptische der hölzernen Hülle unterstrichen.

Mit seinen seeseitig angebrachten, schmalen Lukarnen sieht das Dach wie ein ironisches Zitat der nachbarschaftlichen Satteldächer aus.

Die breite Terrasse im Erdgeschoss ist förmlich aus dem Gebäude herausgeschnitten.

Die Fassadenfarbe korrespondiert mit der Kupferverkleidung des Daches.

Woeffray verwenden in ihren Bauten stets auf ein Minimum reduzierte und möglichst unbehandelte, roh belassene Materialien. So gliedert eine in die Mitte gestellte Box aus schwarzem MDF den großen länglichen Raum in die einzelnen Bereiche, die durch wandhohe Schiebetüren miteinander verbunden sind. In der Box sind die Küche, Nutzungsräume, das Treppenhaus und ein Gäste-WC untergebracht. Auch hier setzten die Architekten gezielt Farben als gestalterisches Element ein. Als Kontrast zum Schwarz sind die einzelnen Bereiche in der Box in einem leuchtenden Rot gestrichen, die auf der Gartenseite liegende, der Natur zugewandten Küche ist dagegen Lindgrün. Eine breite Terrasse, die der Küche und dem Essbereich vorgelagert ist, ist buchstäblich aus dem Haus herausgeschnitten und sieht mit ihren Holzplanken und den Sonnensegeln wie ein Schiffsdeck aus. Mit seinen Öffnungen ist das Wohngeschoss von innen heraus offen und transparent. Von außen ist es jedoch durch das leicht vorkragende Dach, den wie eine Schiffsreling entlanglaufenden Steg und die eingeschnittene Terrasse geschützt und nicht leicht einsehbar. Als Kontrast zum offenen Wohngeschoss präsentiert sich der erste Stock, auf dem Schlaf-, Kinder- und Arbeitszimmer untergebracht sind, wesentlich geschlossener. Die Räume sind entlang des Flurs angeordnet, der nach außen durch schwarze Einbauschränke gegliedert ist. Nur je ein großes, quadratisches Fenster bricht die Fassade hangwärts und nach Westen hin auf. Auf der nach Süden orientierten Seite fassen die mit Faltläden ausgestatteten Lukarnen den Ausblick wie schmale Bilder ein.

Auch in zwei ihrer jüngsten Projekte erreichten Bonnard & Woeffray auf sehr persönliche Art eine konstruktive und räumliche Reduktion im Dienst von Ort und Programm. Bei den 2002 fertiggestellten Bauten handelt es sich um die Schulhäuser in Fully und Le Bouveret, die das Architektenteam nach gewonnenen Wettbewerben realisieren konnte. Beide Projekte basieren auf dem gleichen konstruktiven System, nämlich Beton mit Außendämmung sowie der den Entwürfen zugrunde liegenden Reduktion im Detail und der bewussten Farbwahl, die auf die örtlichen Gegebenheiten reagiert. Das neue Schulhaus in Fully beispielsweise sieht wie ein nicht ganz rechteckiger Monolith aus. Wie ein Quader, der so verformt wurde, dass er sich der Geländegeometrie anpasste. Für den Bau wählten die Architekten keinen veredelten Sichtbeton mit Verfeinerungen in der Schalung, sondern einen schlichten, herkömmlich hergestellten »Unternehmerbeton« mit den üblichen Flecken und Ausbesserungen. Die dicken, etwas breiteren Fensterrahmen stehen leicht aus der Fassade vor und sehen aus, als ob man Post-it-Zettel auf den

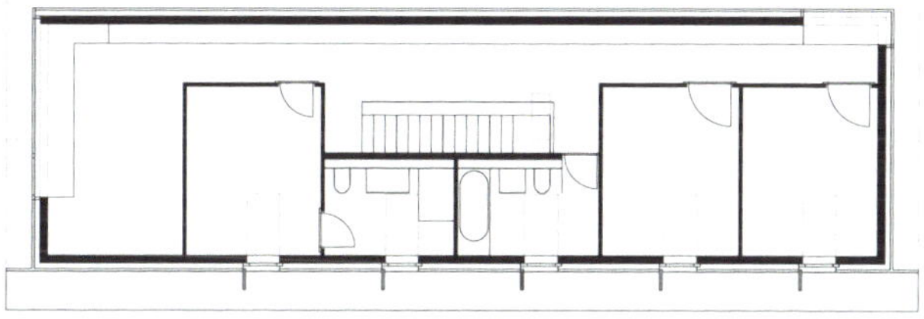

Obergeschoss

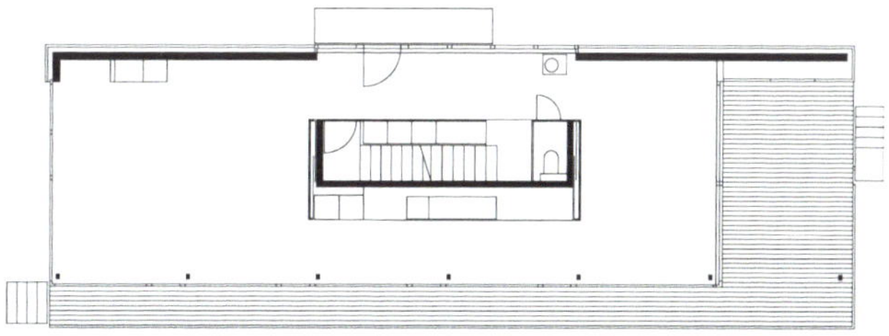

Erdgeschoss

Eine schmale Rampe führt zum Eingang auf der Nordseite hinunter.

Die Lukarnen auf der Südseite des Hauses lassen sich mit Faltläden schließen.

Schnitt

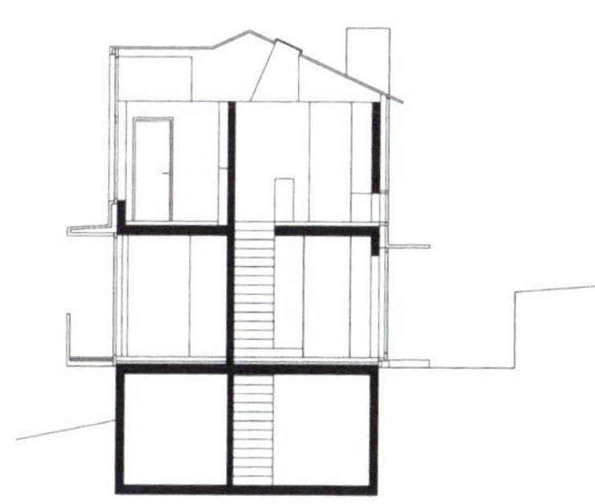

Arbeitszimmer im Dachgeschoss.

Eine in die Mitte gestellte schwarze Box gliedert das Erdgeschoss in Wohn-, Ess- und Eingangsbereich.

Durch transluzente Kunststoffwände fällt Tageslicht in den Gang auf der Nordseite.

Küche im Erdgeschoss.

Dem Essbereich ist eine breite, mit Holzplanken belegte Terrasse vorgelagert.

Beton geklebt hätte. Bonnard & Woeffray wählten für das neue Gebäude einen elementaren Grundriss, den sie jedoch so verformten und veränderten, dass Spannung und Vielfältigkeit entstanden. Der Gang zwischen den Klassenzimmern weist keinen rechten Winkel auf, sodass der perspektivische Blick entweder verkürzt oder in die Länge gezogen wird. Ein gestalterisches Element, das nicht durch funktionelle Kriterien bestimmt wurde, sondern vielmehr die besonderen topografischen Bedingungen des Wallis unterstreicht. Gemeint sind damit das schier endlos lange Rhonetal, dessen Ausdehnung kaum erfasst werden kann, aber auch die fast rechtwinklig abge-

Kinderzimmer im Dachgeschoss.

Die Räume im Dachgeschoss sind entlang des Flurs angeordnet, der nach außen mit Einbauschränken abschließt.

Bad im Dachgeschoss.

Gäste-WC, Garderobe und Treppenaufgang sind in die schwarze Box im Erdgeschoss integriert.

Die überhohen Lukarnen dienen als Fenster und Oberlicht.

Bonnard & Woeffray verwenden in ihren Bauten auf ein Minimum reduzierte und möglichst roh belassene Materialien.

henden Seitentäler mit ihren schroffen Felswänden. Im Verlauf der Treppe, die die Rhonebiegung nachzeichnet, setzten die Architekten die geografischen Charakteristika im Korridor um. Mit dem Konzept des Schulhauses in Fully schufen Bonnard & Woeffray einen Bau, der auf vielfältige Weise in Bewegung ist. Aber die Topografie dcs Wallis ist eben auch nicht ruhig.

Als Kontrast zum Schwarz sind einzelne Bereiche in der Box leuchtend Rot gestrichen.

Baujahr
1998
Planungszeit
12 Monate
Bauzeit
8 Monate
Grundstücksgröße
850 m²
Wohnfläche
210 m²
Mitarbeit
Christian Schibli

Buol & Zünd Architekten|Basel
Haus in Therwil|Kanton Basel

Abweisend und schroff wirkt das Einfamilienhaus in Therwil von außen.

Festgelegte Typologien interessieren Lukas Buol und Marco Zünd nicht. Das junge Basler Duo verfolgt stattdessen eine Entwurfsstrategie, die der jeweiligen Situation entspricht, bei der sie ihre eigenen Vorstellungen mit jenen des Bauherrn zu verschmelzen versuchen. Seit ihrem Abschluss an der Ingenieurschule Basel vor rund zehn Jahren, haben Lukas Buol und Marco Zünd Beachtliches geleistet. 1991, kurz nach Zünds Abschluss am Technikum Muttenz, gewannen sie bereits erste Preise für eine Dreifachturnhalle auf dem Sandgrubenareal in Basel sowie für einen Schul- und Gemeindebau im aargauischen Strengelbach. Beide Projekte wurden jedoch bis heute nicht realisiert. Neben weiteren Wettbewerbsprojekten begannen Buol & Zünd damit, Möbel zu entwerfen. Gleich mit dem ersten Entwurf, dem Möbelsystem »Zoll-D« hatten sie großen Erfolg. Es brachte ihnen zahlreiche Preise ein, unter anderem den Designpreis Schweiz 1995 und ein Jahr später den Deutschen Bundespreis Produktdesign. Das »Zoll-D«-System bildete den Auftakt zu einer Reihe weiterer Möbelentwürfe, mit denen sich die beiden Jungarchitekten in Zeiten rezessionsbedingter Baumüdigkeit über Wasser hielten. Auf einen Kleiderschrank aus Flugzeugsperrholz folgte der Entwurf eines stapelbaren Betts aus Form-

Marco Zünd und Lukas Buol führen ein Architekturbüro in Basel.

Querschnitt

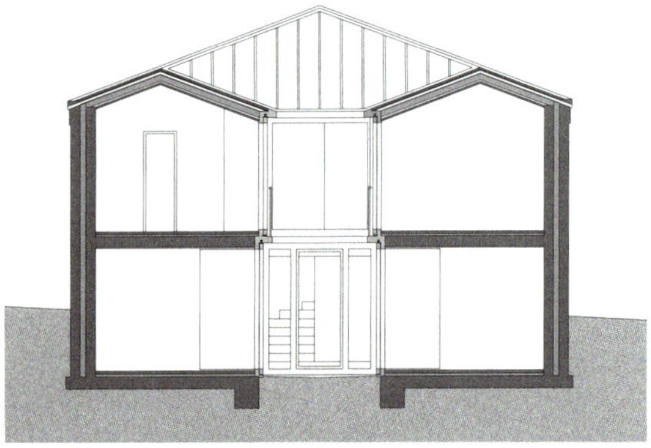

sperrholz. Auch das Bett, das sich mit wenigen Handgriffen von einem Einzelbett, das auch als Couch dient, in ein niedriges Doppelbett verwandeln lässt, brachte ihnen weitere bedeutende Auszeichnungen.

Die Möbel machten Lukas Buol und Marco Zünd auch als Architekten bekannt und ermöglichten ihnen ihre erste konkrete Bauaufgabe: ein Einfamilienhaus in Therwil bei Basel. Das vor rund drei Jahren fertiggestellte Gebäude ist ein ungewöhnliches Atriumhaus, das sich der eintönigen »Hüsli«-Eintönigkeit ringsherum völlig verschließt. Mit nur je zwei Fenstern auf den Langseiten präsentiert sich das Haus als massiver Baukörper. Durch ihre Geschlossenheit erwecken die dicken Außenwände aus rohem Beton den Eindruck eines Bunkers und verleihen dem Haus äußerlich etwas Kaltes und Abweisendes, ja fast Martialisches. Einzige Öffnung im Betonmantel ist der zur Straße hin orientierte, großzügige Eingang, der mit seinen beiden großen Metalltüren an das Tor einer Garage erinnert. Die leicht nach innen versetzten Türflügel lassen sich nach außen aufklappen und um die Außenmauer falten. Auf diese Weise erhält das eben noch abweisende Haus plötzlich eine einladende Geste.

Äußerlich hat das zweigeschossige Einfamilienhaus in Therwil mit dem herkömlichen Bild einer Villa auf dem Lande kaum etwas gemein. Im Inneren bietet sich dagegen eine völlig unerwartete Situation. Das nach außen schroff wirkende Haus birgt innen eine große Offenheit, Transparenz und Wohnlichkeit. Die beiden Geschosse sind um ein längliches Atrium gruppiert, das zugleich Garten, Lichthof und räumlicher Bezugspunkt für die Zimmer ist. Im Erdgeschoss ist die umfangreiche Designsammlung des Hausherrn untergebracht. Im oberen Stockwerk befinden sich Wohnraum,

Hinterausgang mit bunkerartiger Türe.

Geschlossen könnte man den flügeltürartigen Hauseingang auch für ein Garagentor halten.

Das rundum verglaste Atrium mit den darum gruppierten Wohnräumen.

Küche und zwei Schlafräume. Der Innenhof ist ganz den Themen Leichtigkeit und Transparenz verschrieben: So lassen sich die großformatigen Hoffenster an den Längsseiten des Gebäudes zur Seite schieben, sodass ein fließender Übergang zwischen Innen- und Hofraum entsteht. Von jedem Raum aus sind alle anderen Zimmer einsehbar, mit Ausnahme des jeweils daneben liegenden. Durch den Hof und die Außenfenster erhalten die Räume direktes Sonnenlicht, aber auch mehrfach reflektiertes Licht durch das rundum verglaste Atrium.

Die eigentümliche Charakteristik des Einfamilienhauses in Therwil entwickelten Buol & Zünd ausschließlich für diesen Ort und diese Bauaufgabe. Auch bei ihren weiteren Projekten, wie etwa dem Umbau eines ehemaligen Untersuchungsgefängnisses zu einem Hotel mit Brasserie, blieben Marco Zünd und Lukas Buol diesem Prinzip treu. Dort entwickelten sie die Form der neuen Teile aus den vorhandenen Elementen. Untergebracht sind die Räume in den teilweise mittelalterlichen Baulichkeiten des Lohnhofes in der Basler Altstadt. Buol & Zünd gelang es, die räumlichen und architektonischen Qualitäten des Gebäudes sichtbar zu machen und gleichzeitig die bedrückende Stimmung des Gefängnisses durch eine völlig neue Identität zu ersetzen. Aus der Zusammenlegung zweier Zellen entstanden insgesamt

Im Inneren birgt das Haus Offenheit, Transparenz und Wohnlichkeit.

Wohnraum im ersten Geschoss.

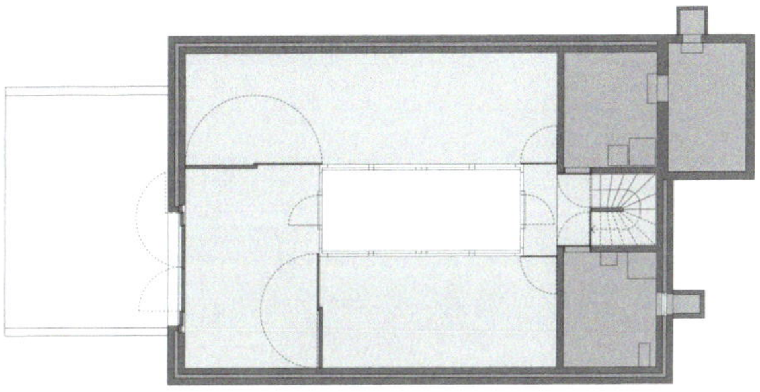

Erdgeschoss

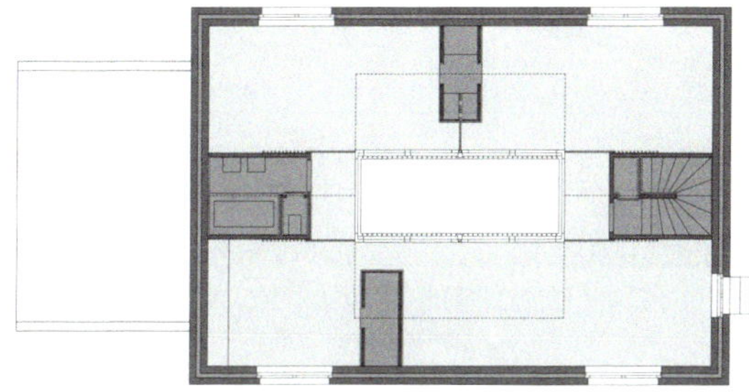

Dachgeschoss

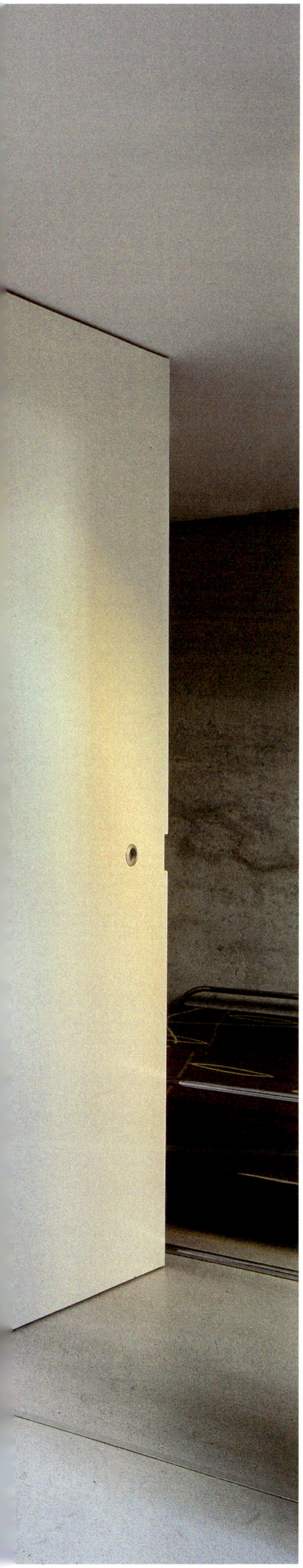

Kinderzimmer im Dachgeschoss.

20 Hotelzimmer in den beiden Obergeschossen. Die Realisierung eines weiteren größeren Projekts von Buol & Zünd, der Umbau eines gotischen Gebäudes in Binningen bei Basel in ein Hotel, ist zurzeit aufgeschoben. Dafür bauten sie erst kürzlich im thurgauischen Kesswil ein Badehaus mit Swimmingpool. Die unter einem mächtigen Walmdach vereinten Räume reagieren jeweils auf ihre spezifische Lage im Garten. So ist der Pavillonraum achsialsymmetrisch angelegt und lässt die Umgebung bei geöffneten Fenstern auf drei Seiten erlebbar werden. Die U-förmige Küche wird in der Längsachse belichtet und gibt den Blick auf den Bodensee frei. Im Dachraum ist eine im Auf- und Grundriss »poly gonale« Schlafkammer integriert. Die drei Bereiche – Pavillonraum, Küche und Schlafkammer – sind durch Lage, Stimmung und Charakter gekennzeichnet und werden über die Kraft des großen Daches zu einem Ganzen verbunden.

Die Wohnräume sind in ihrer Materialisierung bewusst schlicht gehalten.

Die Türe zur Sauna erscheint als Teil der Wand.

Baujahr
1999
Planungszeit
1997–99
Bauzeit
15 Monate
Grundstücksgröße
2500 m²
Wohnfläche
2 Häuser à 800 m²
Mitarbeit
Roger Casagrande, Alois Diethelm, Werner Knecht

Burkard, Meyer. | Baden
Wohnbauten in Baden | Kanton Aargau

Das Arbeitszimmer in der obersten Wohnung im ersten Haus, die eineinhalb Geschosse beansprucht.

Mitten im Zentrum von Baden liegt das ehemalige Industrieareal der Merker-Fabrik, in der unter anderem Waschmaschinen hergestellt wurden. In den letzten Jahre hat hier eine lebendige Kulturszene mit Ateliers, Restaurants und einem alternativen Musik-Treffpunkt Einzug gehalten, die sich in den alten Produktionshallen und Bürogebäuden einnisteten. Einen Teil der Industriebrache besetzen zudem zwei neu errichtete Wohnhäuser. Entworfen hat sie das Badener Architekturbüro Burkard, Meyer., das auch den Gestaltungsplan für das gesamte Industrieareal erarbeitet hat. Dem Entwurf der Wohnhäuser gingen zwei grundsätzliche Überlegungen voraus. So wollten die Architekten mit ihrem Projekt den Beweis antreten, dass man an einem heterogenen Ort, inmitten urbaner und suburbaner Kultur, Wohnbauten errichten kann. Zudem war ihnen die »Widerstandsfähigkeit« der

Daniel Krieg, Urs Burkard und Adrian Meyer.

Die Wohnesszonen verfügen über Raumhöhen von 3 Metern.

Häuser in dem so gegensätzlichen Umfeld wichtig. Jedes Haus sollte für sich bestehen können.

Die freistehenden Wohnbauten knüpfen in ihrer Typologie an das in der näheren Umgebung vorkommende Muster der einzeln stehenden Häusern aus dem frühen 20. Jahrhundert an. Ursprünglich hatte das Projekt drei gleich aussehende Baukörper vorgesehen. In einer ersten Phase wurden jedoch zunächst nur zwei realisiert. (Mit dem Bau des dritten Hauses wird zurzeit begonnen.) Auffälligstes Merkmal der beiden Wohnbauten ist die tragende Fassadenstruktur aus einem massiven, 50 Zentimeter dicken Mauerwerk, das Burkard, Meyer. selbst entwickelt haben. Dieses System hatten die Architekten erstmals für das 1997 fertig gestellte Schulhaus »Brühl« in Gebenstorf angewendet. Dabei werden die äußeren Sichtbacksteine mit einer Schicht aus Isoliersteinen zu einem untrennbaren Verbund miteinander kombiniert. Schon in den frühen Bauten des 1967 gegründeten Büros zeichnete sich das besondere Interesse der Architekten an Materialeigenschaften und Handwerk ab. Dabei ist der Begriff Handwerk für Adrian Meyer, seit acht Jahren Professor an der ETH in Zürich und Urs Burkard natürlich im Sinne des architektonischen Schaffens zu verstehen. Neben einer volumetrischen und räumlichen Auffassung gehört vor allem die Herausarbeitung der Materialeigenschaften zu den prägendsten Merkmalen ihrer Bauten. So verdeutlicht bereits ihr Erstlingswerk, der Um- und Neubau eines Altstadthauses in eine Galerie mit Restauranttrakt (1969), ihre Vorliebe für die taktilen Eigenheiten von Beton, Stahl und Backstein. Aber auch ihre jüngsten Projekte sind Beispiele für ihre Haltung gegenüber der Körperlichkeit und des damit verbundenen räumlichen Potenzials eines Bauwerks, wie etwa der Neu-

Wandhohe Fenster sind bündig in die äußere Fassadenfläche eingesetzt, sodass im Inneren Nischen entstehen.

Der Wohnbereich ist zweiseitig gegen Norden und Süden hin orientiert.

Zugang zur Dachterrasse.

Die hofartige Dachterrasse der obersten Wohnung im ersten Haus.

Die interne Treppe in der obersten Wohnung führt vom Schlafbereich hoch in die Wohnzone.

bau der Schulanlage Au-Langmatt in Brugg, für den Burkard, Meyer. 1997 den Schweizer Architekturpreis Beton erhielten, oder die 2001 fertig gestellte Heilpädagogische Schule in Wettingen bei Baden. Ein Bau, dessen Fassade mit wandhohen Fensterfronten und hellen Betonstreifen streng gegliedert ist; doch lockern rote Backsteine die Strenge gleichzeitig wieder auf. Zeitgenössische Architektur, Funktionalität und Wohnlichkeit sind hier auf gelungene Weise miteinander verbunden worden.

Ein Jahr zuvor beendeten Urs Burkard und Adrian Meyer ein Dienstleistungs- und Verwaltungszentrum in Winterthur. Ihr Entwurf, mit dem sie sich bei dem von der Schweizer Post PTT ausgeschriebenen Wettbewerb behaupten konnten, wurde nicht von einer Suche nach städtischer Verdichtung und Konzentration bestimmt, sondern von der Überlegung, wie der Hochhausturm

Erdgeschoss

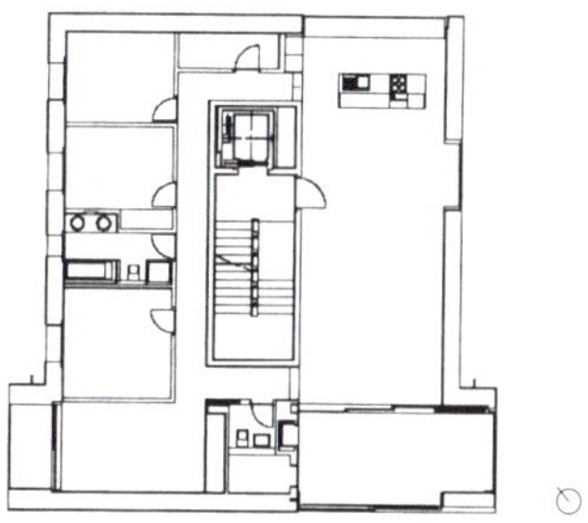

1. Obergeschoss

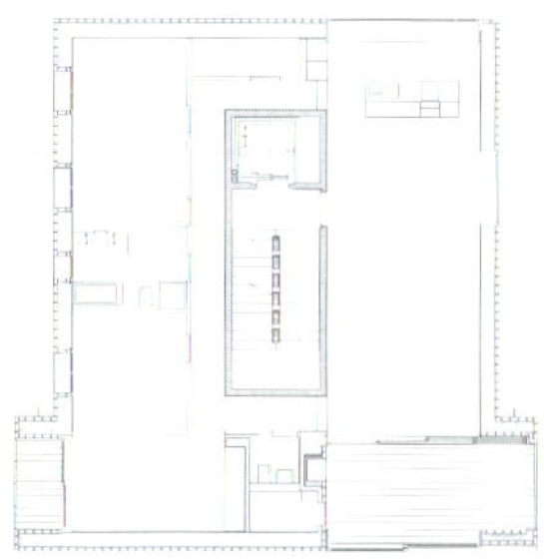

2. Obergeschoss

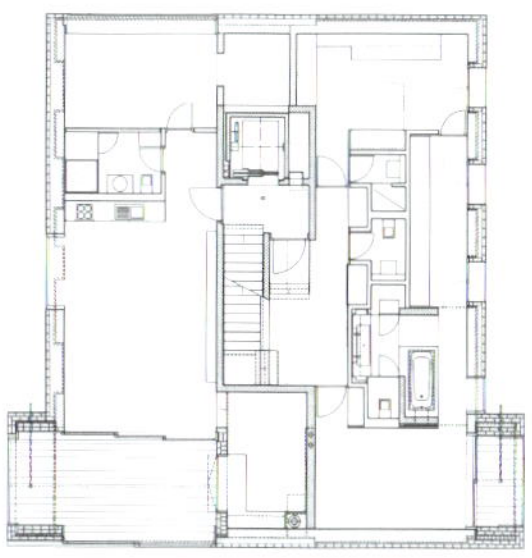

3. Obergeschoss

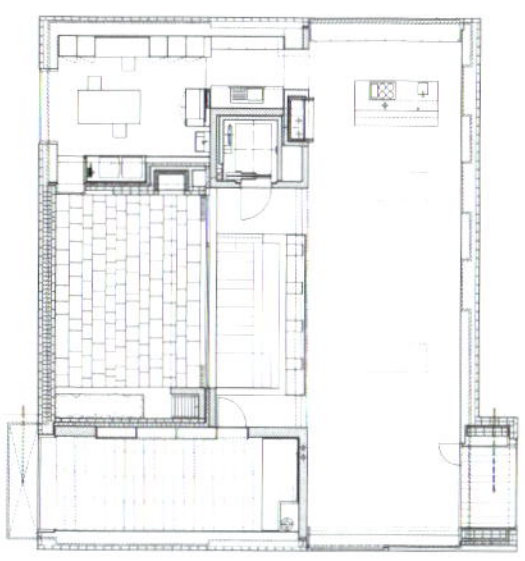

Südansicht. Von dieser Seite erscheinen die beiden Häuser als Solitäre.

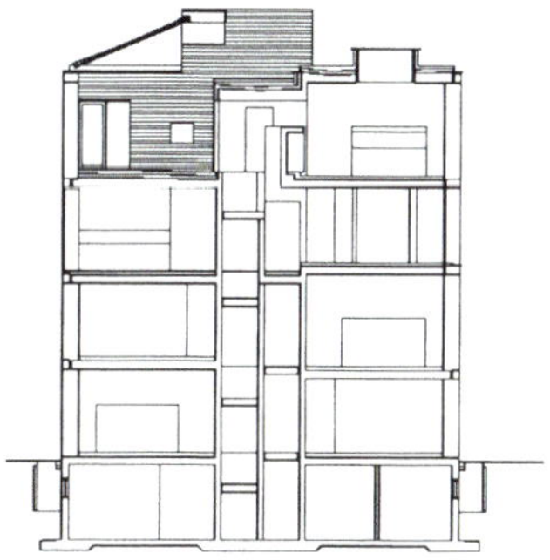

Schnitt

verträglich in den städtischen Kontext eingefügt werden kann. Gleichzeitig zeigt das Gebäude mit seiner differenzierten Fassadengestaltung aus roten Ziegelflächen und grauen Sichtbetonstreifen eine Alternative zur Stahl-Glas-Architektur auf. Und die Winterthurer Stadtsilhouette, die sich bis dahin durch wenig einprägsame Bauten auszeichnete, hat ein unübersehbares Wahrzeichen erhalten.

Zurzeit arbeitet das renommierte Büro, in dem 35 Mitarbeiter beschäftigt sind, unter anderem an verschiedenen Wohnbau-Projekten, einem neuen Schulhaus und am Stadionkomplex Mittelland in Aarau.

Auf der Nordseite sind die Gebäude durch einen Betonsockel verbunden, in dem sich die Parkplätze befinden.

Bei den Wohnbauten am Martinsberg wird deutlich sichtbar, dass sie auch weitgehend über den Schnitt entworfen wurden. Der Zugang erfolgt hangseitig über einen mit Mauern und Hecken begrenzten Vorplatz. Von dieser nach Süden gerichteten Seite werden die Häuser als Solitäre wahrgenommen. Auf der Gegenseite sind die Bauten aufgrund des Höhenunterschieds des Geländes durch einen hellen Betonsockel verbunden, in dem sich die offenen Autoeinstellplätze befinden. Jedes Haus besteht aus vier Stockwerkswohnungen. Eine Ausnahme bildet die oberste Wohnung im ersten Haus, die eineinhalb Geschosse und eine hofartige Dachterrasse beansprucht. Die großzügig geschnittenen Wohnungen sind in zwei Bereiche aufgeteilt: eine Wohn-/Esszone, die über eine Raumhöhe von 3,05 Meter verfügt sowie eine Zimmerzone mit Raumhöhen von 2,46 Meter. Der nach Süden und Norden orientierte Wohnbereich wechselt in jedem Geschoss jeweils auf die andere Seite des Gebäudes. Dieses Prinzip der alternierenden Staffelung ist an der Fassade durch die Deckenstirnelemente ablesbar. Vor dem Wohnraum liegt eine Veranda als Zwischenzone, die sich öffnen lässt und so zum Balkon wird. Drei verschiedene Fenstertypen bestimmen das Fassadenbild. Große Schiebefenster lassen sich vollständig öffnen, indem sie vor das Mauerwerk geschoben werden. Auf diese Weise entsteht eine Tiefenstaffelung und eine feine Modulation der Fassade. Durch wandhohe, bündig eingesetzte Glasfenster entstehen im Inneren Fensternischen in der vollen Mauerstärke von 50 Zentimetern. Mit ihrem abstrakten Glanz stehen sie im Gegensatz zur matten Textur der roten Backsteine. Schmale französische Fenster lassen in geöffnetem Zustand die gesamte Mauerstärke auch von außen gut erkennen. Zusammen mit den wandhohen Fenstern und den Veranden verleihen sie den beiden Wohnbauten einen unregelmäßig differenzierten und skulpturalen Ausdruck.

Die tragende Fassadenstruktur besteht aus einem von Burkard, Meyer. entwickelten massiven Mauerwerk.

Verschiedene Fenstertypen bestimmen das Fassadenbild.

Baujahr
2001
Planungszeit
2 Jahre
Bauzeit
1 Jahr
Grundstücksgröße
3.653 m²
Wohnfläche
2.126 m²
Landschaftsarchitektur
Vogt Partner, Zürich
Mitarbeit
Yves Schihin, Michael Mettler, Elena Fernandez, Jürg Schmid, Benedikt Sunder-Plassmann

Burkhalter + Sumi|Zürich
Wohnhäuser Wehrenbachhalde Zürich-Witikon
|Kanton Zürich

Leuchtend rot stehen die Wohnbauten an einem lose bebauten, ehemaligen Rebberg.

Von Anfang an haben Marianne Burkhalter und Christian Sumi mit ihren Bauten weit über die Schweiz hinaus Beachtung gefunden. Bemerkenswert an den Entwürfen der Architekten, die seit 1984 ein Büro mitten in der Zürcher Altstadt führen, ist der innovative Umgang mit Holz, die kräftige, aber ausgewogene Farbgestaltung und die Fügung von Baukörpern zu überzeugenden Raumsequenzen. So zeugen auch die drei Wohnhäuser an der Wehrenbachhalde von einer kompromisslosen Modernität und strahlen gleichzeitig Ruhe, Klarheit und Harmonie aus. Vor rund vier Jahren war der Entwurf von Burkhalter+Sumi als bestes Projekt aus einem eingeladenen Wettbewerb hervorgegangen. Auf dem Grundstück stand bereits eine alte Villa, die der Zürcher Stadtbaumeister Albert Heinrich Steiner in den 1950er Jahren entworfen hatte. Die Erbengemeinschaft suchte mit dem Wettbewerb nach einem Vorschlag, der dem Erbe gerecht wird. In ihrem Entwurf schlugen Burkhalter+Sumi drei neue Wohnbauten vor, die in einer lockeren Bebauung neben der alten Villa errichtet werden sollten. Dabei war es für die Architekten äußerst knifflig, eine ideale Beziehung zwischen privaten und öffentlichen Bereichen zu schaffen. Die Anlage durfte nicht den Blick auf die Stadt verstellen. Gleichzeitig sollten die Bewohner den Reiz der Aussicht auskosten können. Ihre Lösung fanden Burkhalter+Sumi in Zürich und in Italien. Mit der von ihnen gewählten Haustypologie beziehen sie sich explizit auf die Häuser von Alfred Roth und Marcel Breuer im Doldertal sowie auf das Konzept der italienischen Palazzini, die ab Mitte der 1930er Jahre entstanden. Beide Vorbilder stehen für einen gehobenen städtischen Wohnungsbau, den die Zürcher Architekten auf überzeugende Weise in eine zeitgemäße Sprache transponierten.

Ihre spezifischen Lösungen, die sich durch eine hohe Komplexität auszeichnen und sich bei aller Einfachheit eingleisigen Deutungen verweigern,

Die Zürcher Architekten
Marianne Burkhalter
und Christian Sumi.

Bandfenster, Terrassen und Loggien strukturieren die mit Holzrollläden verkleideten Fassaden. Die weit vorkragenden Loggien sind wie »Kameras« aus dem Gebäude herausgestülpt.

entwickeln Burkhalter+Sumi aus dem Ort und der Bauaufgabe. Beispielhaft für ihre Arbeit steht die Erweiterung des Hotels Zürichberg, die ihnen 1995 internationale Anerkennung brachte. Das Architektenduo, das sich schon bei seinen ersten Projekten Mitte der 1980er Jahre, den Einfamilienhäusern in Eglisau und Langnau a. A., mit den tektonischen Möglichkeiten des Holzbaus befasste, stellte einen autonomen, elliptischen Baukörper mit dem Aussehen einer übergroßen Spanschachtel neben das alte Hotel. Die äußere Haut des Gebäudes bildet eine Bespannung aus spandünnen Redwood-Brettern. Doch trotz der Spannung im Material wirkt die Fassade weich und vermeidet jeglichen hermetischen Pathos. Dass das ungewöhnliche Gebäude nicht prätentiös wirkt, sondern ganz selbstverständlich dasteht, erklärt sich durch die subtilen architektonischen Mittel, mit denen die Architekten das Bauwerk präzisierten. Auch die zwischen 1995 und 2000 realisierte Sanierung der EMPA, der Eidgenössischen Materialprüfungs- und Forschungsanstalt, in Dübendorf gehört zu den viel beachteten Projekten von Burkhalter +Sumi. Das nach Plänen des Architekten Walter Forrer bebaute Areal besteht aus einem Ensemble aus 14 Forschungs-, Verwaltungs- und Infrastrukturgebäuden, die den heutigen komplexen Nutzungsansprüchen nicht mehr genügten. In ihrem Entwurf versuchten Burkhalter +Sumi, dem Originalen gebührenden Respekt zu zollen. Es ging ihnen nicht um einen Neubeginn, sondern um ein Weiterbauen an dem Bestehenden. Durch Verdichtung und Aufstockung wurde die Sanierung zur Ergänzung – und erst auf den zweiten Blick offensichtlich.

Wie der Anbau an das Hotel Zürichberg haben auch die Wohnhäuser in Witikon eine fein gegliederte Außenhaut aus Holz. Die Fassaden sind mit leuch-

Attikageschoss

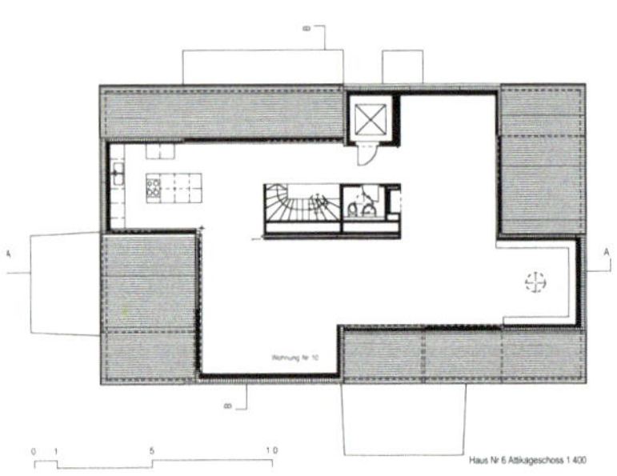

Obergeschoss

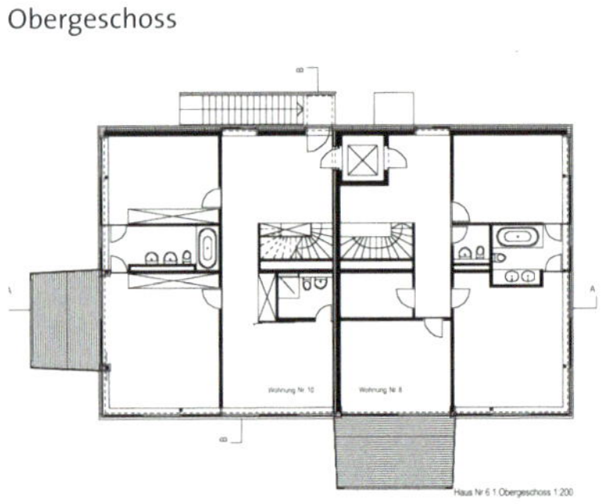

Haus Nr. 6
Erdgeschoss

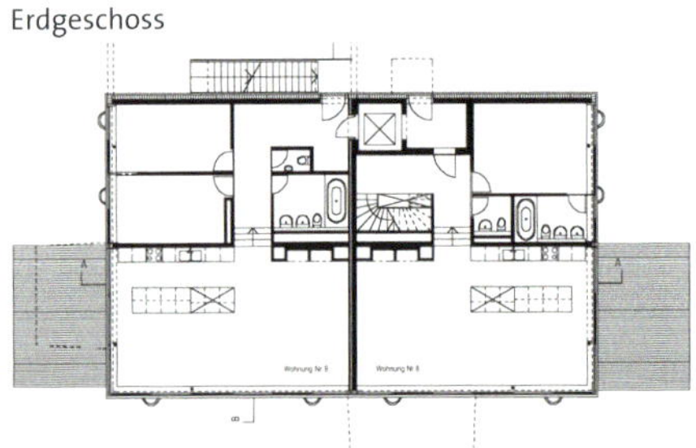

Die aus drei Gebäuden bestehende Siedlung bietet gehobenes, städtisches Wohnen. Die Wohnungen, die sich nach der jeweiligen Lage richten, haben alle unterschiedliche Grundrisse.

tend rot gestrichenen Holzrollläden verkleidet, die der Länge nach an der Fassade heruntergelassen und auf die Lattung geheftet wurden. Trotz seiner Herkunft wirkt das gängige Industrieprodukt verblüffend edel. Mit ihrem dunkelroten Holzkleid stehen die drei Solitäre sanft im Hang. In sich bergen sie zehn Wohnungen unterschiedlichen Zuschnitts: Maisonettewohnungen mit 5 ½ und 6 ½ Zimmern, Gartenwohnungen mit 3 ½ Zimmern, ein Attikageschoss mit 4 ½ Zimmern und eine Geschosswohnungen mit 7 Zimmern. Überraschend ist dabei, dass keine Wohnung der anderen gleicht. Jede Wohnung wirkt wie ein »Haus im Haus«. Zusätzlich unterstrichen wird dieser Eindruck noch durch die separaten Eingänge. Die Treppenhäuser, die beim ersten Entwurf noch als zentrale Kerne in den Häusern vorgesehen waren, sind nun außen vor die Fassade gestellt. Als eigenständiges architektonisches Element, das sich durch Material und Farbe bewusst von den roten Kisten abhebt, nehmen die Treppen auch Bezug auf die alten Bauernhäuser in der Nachbarschaft, deren Stiegen ebenfalls außen angebracht waren. Die längs und quer zum Hang orientierten Baukörper ergeben eine lockere Bebauung, die zahlreiche Durchblicke auf Stadt, See und Berge ermöglicht. Gleichzeitig nehmen die Häuser auch Bezug auf die ruralen Bauten im ehemaligen Rebberg.

Ungewöhnlich sind die weit vorkragenden Loggien, die durch ihre Form und die schmalen roten Holzlamellen wie »Kameras« aus den Gebäuden herausgestülpt sind. Mit diesem architektonischen Element reagierten die Architekten ganz bewusst auf die außergewöhnliche Weitsicht, die das Grundstück bietet. So fokussieren die Loggien einem fotografischen Auge gleich die Landschaft und schaffen bildhafte Ausschnitte. Gleichzeitig dienen die Loggien auch als natürliche Verlängerung der Wohnräume. In den Wohnungen der dreigeschossigen Baukörper sorgen zudem durchlaufende Bandfenster sowie fast torähnliche, wandhohe Glasscheiben für eine großzügige Öffnung der Räume und beeindruckende Bildsequenzen. Der frühere Park wurde nach einem Gartenkonzept neu gestaltet, das Burkhalter+Sumi zusammen mit dem Landschaftsarchitekten Günther Vogt entwickelten. In lockerer Anordnung sind rund um die kubischen Baukörper rechteckige, von hohen Hecken eingefasste Gärten angelegt, die die kaum zu vermeidende Abschottung des Privatraums vorwegnehmen und eine räumliche Verschränkung von Innen- und Außenraum vollziehen. Gleichzeitig sollen diese »Horti conclusi« eine Anspielung auf die Grünräume der unmittelbaren Umgebung sein, in der sich von Hecken umschlossene parkartige Anlagen und kleine Schrebergärten finden.

Einfache Variationen in der Horizontalen verleihen den Wohnungen eine innere räumliche Spannung.

Loggien und Terrassen bieten intime Außensitzplätze und vergrößern den Innenraum.

Blick in ein Esszimmer mit Bibliothek.

Materialauswahl und die corbusianische Farbpalette wurden von den Architekten vorgegeben.

Der Innenausbau erfolgte nach den Wünschen der Wohnungseigentümer.

Baujahr
2000
Planungszeit
1 Jahr
Bauzeit
1 Jahr
Grundstücksgröße
700 m²
Wohnfläche
224 m²

Britta und Francesco Buzzi | Locarno
Einfamilienhaus in Tegna | Kanton Tessin

Wie ein dunkler Monolith liegt das Einfamilienhaus in der Tessiner Landschaft.

Eine strenge, komplexe Einfachheit ist das zentrale Anliegen von Britta und Francesco Buzzi, das sie zur Grundlage und zum Entwurfsthema ihrer Arbeiten machen. Zugleich haben sich die beiden jungen Tessiner Architekten aber auch den konstruktiven Aspekten des Bauens verpflichtet. Wie das in ihrer praktischen Arbeit aussieht, lässt sich an ihrem zuletzt realisierten Projekt zeigen, einem Einfamilienhaus in Tegna. Bei dem Entwurf des Hauses setzten sich die Architekten mit der Topografie und dem spezifischen Charakter des Ortes auseinander. Eine kleine, enge Straße führt zu der Parzelle, die an einem steilen Hang oberhalb des Flusses Melezza liegt, mit Sicht auf das Maggia-Delta. Britta und Francesco Buzzi konzipierten das am Rande der Bauzone gelegene Haus so, dass es Bezug nimmt auf den vorbeifließenden Fluss, das durch Überschwemmungen geprägte, schöne Naturgebiet und auf die steilen Berge im Rücken. Zur Landschaft und nach innen öffnet es sich mit großen Fensterflächen. Die seitlichen Fassaden dagegen sind völlig geschlossen und schirmen das streng geometrische Gebäude von den Nachbarbauten ab.

Wie zum Schutz des Inneren legt sich eine mit Eisenoxid eingefärbte, dunkle Betonfassade um das Gebäude. Gleichzeitig passt sich die panzerartige Hülle

Britta und Francesco Buzzi führen ihr Büro in Locarno.

Nordwestansicht.

Die Betonfassade wurde mit Eisenoxid eingefärbt. Der präzise geschnittene, zweistöckige Kubus fügt sich mit seiner panzerartigen Hülle in die Landschaft.

den dramatischen Felswänden der Umgebung genau an. So sieht das Haus wie eine monolithische Skulptur aus, deren Wirkung noch durch die von außen unsichtbare Deckenschalungen unterstrichen wird. Zudem wurden die Ecken wegen der gewünschten Scharfkantigkeit mit Dichtbändern gefüllt. Einige Fenster scheinen aus dem Beton herausgeschnitten zu sein, von außen rahmenlos und innen bündig. Andere sind außen bündig in die Fassade gesetzt, gefüllt mit dunkelgrauem Glas oder eingefärbtem Scobalit. Aber nicht nur in der Gestaltung der äußeren Form nahmen Britta und Francesco Buzzi Landschaftselemente auf, auch im Inneren entwickelten sie eine »kubische Landschaft« durch die Staffelung von Schichten.

Der präzise geschnittene, zweistöckige Kubus wurde so in den Hang geschoben, dass das Haus von der Straße aus praktisch nicht zu sehen ist. Nur die Parkfläche auf dem Dach, die aussieht wie das Deck eines Flugzeugträgers, verweist darauf, dass hier gewohnt wird. Um zum Eingang unterhalb des Straßenniveaus zu gelangen, muss man eine schmale, steile Treppe hinuntersteigen. Bereits beim Betreten überrascht die Transparenz des sich nach außen zunächst so geschlossen gebenden Hauses: Der Blick wird durch ein Oberlicht zum Himmel und nach vorne durch den Wohnraum geführt, den eine 5 Meter lange, rahmenlose Glasscheibe zur Landschaft hin öffnet. Eine verglaste Passage verbindet die dahinter liegende Küche mit dem Arbeitsbereich. Die zahlreichen Aus- und Durchblicke ermöglichen immer neue Sichtbezüge, durch die das Haus offen und großzügig wirkt. Innen und Außen fließen ineinander. Im unteren Geschoss befinden sich die nebeneinander gereihten Schlaf- und Kinderzimmer. Diese intime Ebene ist in die Erde eingegraben und öffnet sich mit nur einer Glasfront nach Süden. Als Kontrast zur strengen, panzerhaften Fassade gestalteten die Architekten die Innenräume mit zarten, hellen Farben und taktilen Materialien wie ein »weiches Innenfutter«, um den Räumen Wohnlichkeit und Geborgenheit zu verleihen.

Das Haus in Tegna ist das dritte größere Projekt, das Britta und Francesco Buzzi realisieren konnten. Neben Wettbewerben gehört die Restaurierung der Kirche S. Antonio in Locarno zu ihren

Im Gegensatz zur geschlossenen Fassade wirkt das Haus durch die vielen Aus- und Durchblicke innen offen und großzügig.

derzeitigen Arbeiten. Seit 1995 führen die beiden an der ETH Zürich ausgebildeten Architekten in Locarno ihr Büro. Der Auftrag, eine Villa am Monte Verità in Ascona zu bauen, hatte dazu den Auftakt gegeben. Ähnlich dem Einfamilienhaus in Tegna entwarfen sie auch schon bei ihrem Erstlingswerk ein massives Volumen, das wie ein gemeißelter Stein aussieht und sich mit seiner monolithischen Fassade von den vermoosten Felsen abhebt. Die Grundform entwickelten die Architekten aus der schwierigen topografischen Lage und schufen territoriale Bezüge zu Raum, Aussicht und Umgebung. Die L-förmige Villa wurde auf zwei Plateaus aus rohen Felsen errichtet und öffnet sich mit großen Glasfronten dem unverbaubaren Blick auf den Lago Maggiore und den Brissago-Inseln. Auf der granitverkleideten, mit Betonkonsolen waagerecht gegliederten Stützmauer thronen die

An das Haus schließt seitlich ein Swimmingpool an.
Das Dach dient als Parkfläche.

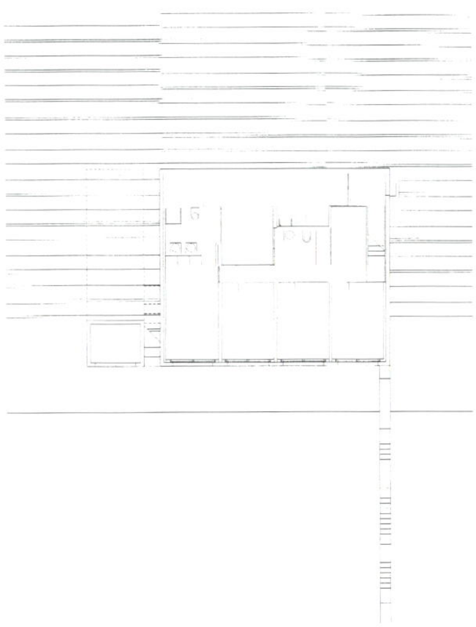

Schlafgeschoss

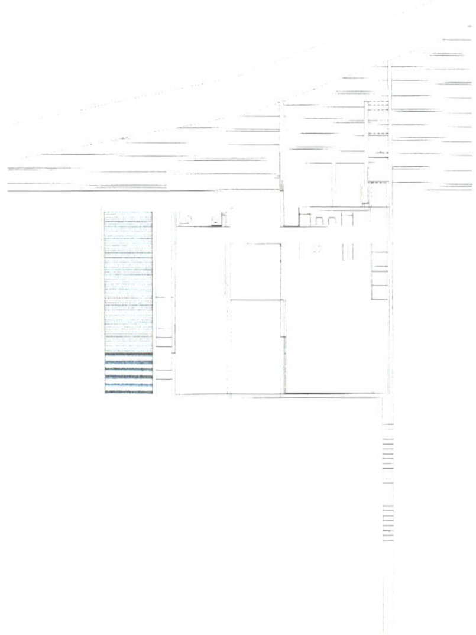

Wohngeschoss

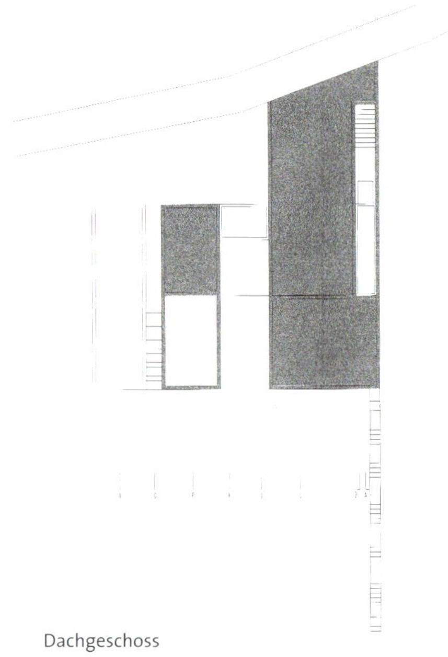

Dachgeschoss

Der Wohnraum im oberen Geschoss öffnet sich mit einer großen, rahmenlosen Glasfläche der Aussicht auf das Maggia-Delta.

von Transparenz und Offenheit bestimmten Wohnräume. Streng geometrisch, präzise in der Kubatur und dennoch sinnlich sind die Attribute, mit denen sich die Projekte von Britta und Francesco Buzzi charakterisieren lassen. Mit den Entwürfen der »Case minime« am Lago Maggiore, die zwischen 1998 und 2000 entstanden, zeigten sie zudem eine spannende Variante im Umgang von Alt und Neu – und dass im Tessin ein frischer Architekturwind weht. Während andere die zwei kleinen, alten Steinhäuser in eine romantisierend renovierte Scheune verwandelt hätten, fanden die beiden Tessiner Architekten eine preiswerte, vorfabrizierbare, modulare und konstruktiv weiter entwickelbare Umbauweise. Die Häuschen waren Ruinen und als solche blieben sie auch äußerlich bestehen. Lediglich in die vier alten Wände wurde eine neue Holztafelkonstruktion wie ein Möbelstück hineingesetzt, die mit dem Hubschrauber antransportiert und innerhalb von sechs Stunden zusammengebaut war. Zwischen den alten Steinmauern und den neuen Lärchenholzwänden wurde bewusst ein Spalt gelassen, durch den die Bauten der Witterung ausgesetzt sind und so ein Dialog zwischen Alt und Neu stattfindet.

Eine verglaste Passage verbindet Küche und Esszone mit dem Studio. Atrium im unteren Geschoss.

Baujahr
2001
Planungszeit
1 Jahr
Bauzeit
1 1/2 Jahre
Grundstücksgröße
522 m²
Wohnfläche
165 m²
Mitarbeit
Beat Hausherr

Gion A. Caminada | Vrin
Chasa Crestas in Vignon | Kanton Graubünden

Das bekannte Bild des Chalets wird durch ein Haus ersetzt, das den traditionellen Strickbau neu interpretiert.

Wie kann man heute im Alpenraum für die Bedürfnisse der Menschen bauen, ohne dabei über Jahrhunderte gewachsene Ortsbilder und Kulturlandschaften zu ihrem Nachteil zu verändern? Der Bündner Architekt und Hochschullehrer Gion A. Caminada zeigt mit seinen modernen Holzbauten überzeugende Lösungen. Caminada nimmt in seinen Bauten die Tradition des im Berggebiet verbreiteten Strickbaus aus massiven, horizontal geschichteten Holzbalken auf und schöpft das Potenzial dieser Konstruktion aus. Auf diese Weise gelingt es ihm, aus dem vor Ort gewachsenen und verarbeiteten Werkstoff Holz, eine regional verankerte Architektur zu schaffen, die das Bestehende neu interpretiert und sich trotz aller Kontraste durch ihre Kontinuität in das traditionelle Ortsbild einfügt.

Seine besondere Leistung liege in seiner Nähe zu den Problemen der bäuerlichen Welt und im distanzierten Blick, dessen er fähig ist, schrieb Friedrich Achleitner über den Bündner Architekten in dem vom Kanton Graubünden anlässlich der Auszeichnung »Gute Bauten« herausgegebenen Katalog. Gion A. Caminada wurde 1957 in Vrin geboren, im Lugneztal, aus dem die Bewohner bis vor wenigen Jahren aus Mangel an Arbeit ausgewandert sind. Heute ist Vrin ein Ort mit Zukunft. Der Dorfgemeinschaft gelang es, dem Leben am Rande der weiten Welt wirtschaftlich und kulturell einen neuen Sinn zu geben. Das verdankt sie unter anderem auch Gion A. Caminada, der als Architekt mit seinen Bauten einen wesentlichen Beitrag dazu leistete.

Im Bauen drückt sich Gemeinschaft aus. Mit Bauen kann man Identität stiften. Der Bündner Architekt, der 18 Jahre als Gemeinderat in Vrin amtierte, stellt die Auseinandersetzung mit der lokalen Tradition in den Mittelpunkt seiner Arbeit. Die Frage, was die alten Bausysteme noch hergeben und was das Wesen dieser Konstruktion ist, sind dabei für den Bündner wesentliche Aspekte. Aber auch die Frage, wie man diese in neue Nutzungen, die die Zeit heute braucht, verpflanzen kann. »Es geht immer um die Auseinandersetzung, Weiterentwicklung. Ich glaube, das ist auch ein Kernpunkt der Tradition eines Dorfes«, sagt Caminada. Nach einer Schreinerlehre und dem Besuch der Kunstgewerbeschule absolvierte er das Nachdiplomstudium Architektur an der ETH Zürich, wo er

Gion A. Caminada,
Bündner Architekt
aus Vrin.

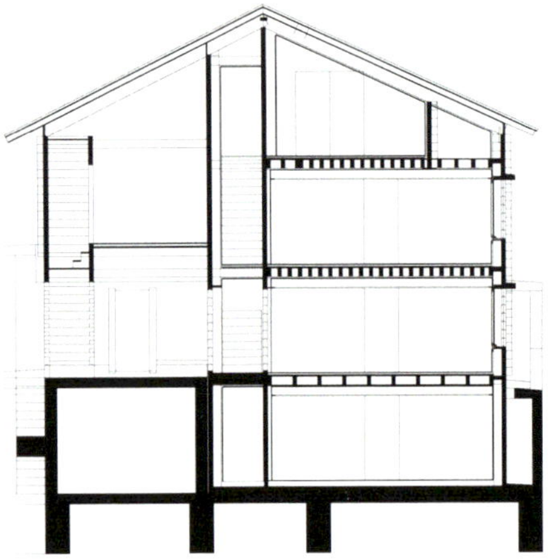

Querschnitt

auch heute als Assistenzprofessor arbeitet. Seit 1985 führt der Bündner Architekt in seinem Heimatort Vrin ein Büro mit drei Mitarbeitern. Mit seinen Bauten will Caminada kein alpines Museum schaffen, sondern eine einfache, zeitgemäße Architektur, mit der er die Bedürfnisse der Menschen zu ergründen sucht. Davon zeugen in Vrin funktionale Bauten wie eine Mehrzweckhalle, Wohnbauten, eine Totenstube, eine Telefonkabine und ein Betriebsgebäude für Fleischverarbeitung, die Mazlaria mit den dazugehörenden Ställen, für die Caminada 1999 den Prix Lignum erhielt. Eines seiner neuesten Projekte ist der Bau eines neuen Mädcheninternats im berühmten Benediktinerkloster in Disentis. Im Herbst 2003 soll der aus Stein errichtete Komplex, der 32 Wohn-Schlaf-Zimmer und Gemeinschaftsräume umfassen wird, fertiggestellt sein.

Dem alpinen Klima werden Schutzdach und Schiebeläden entgegengesetzt.

Konsequent bewies Gion A. Caminada auch mit seinem Wohnhaus in Vignon, dass man im Berggebiet weit entfernt vom nostalgischen Chaletstil landschafts-verträglich ökologisch und modern bauen kann. Wie bei allen Projekten ging es ihm auch hierbei nicht um die Umsetzung eines Lokalkolorits, sondern darum, für die Menschen Räume zu schaffen, die ihre Bedürfnissen wecken. Das als Ferienhaus genutzte Gebäude, das bereits im Jahr seiner Fertigstellung die Auszeichnung »Gute Bauten in Graubünden« erhielt, steht an einem steil abfallenden Hang, oberhalb des kleinen Lugnezer Dorfes. Mit seinem räumlichen und konstruktiven Konzept gelang es dem Architekten, eine Verbindung mit der Topografie entstehen zu lassen. Die »Begegnung mit dem Hang«, so Caminada, bestimmte seinen Entwurf. Ganz bewusst setzte er dabei die skulpturale Kraft der Strickbau-Technik ein.

Was sich zunächst eher unprätentiös geben mag, ist in Wahrheit subtil kalkuliert. Auf den ersten Blick erscheint der Strickbau als simple Technik. Massive Holzbalken werden nach dem Baukastenprinzip zu tragenden Wänden übereinandergeschichtet. Doch entstehen langfristig dadurch Probleme, dass das Material Holz einem natürlichen Schwundprozess unterliegt. Statische und dynamische Elemente müssen sorgfältig berechnet werden, Setzungs-

Durch die verschiebbaren Holzläden lässt sich das Haus komplett verschließen. Die kompakte Wirkung des Volumens wird so zusätzlich unterstrichen.

Beim Strickbau werden massive Holzbalken nach dem Baukastenprinzip zu tragenden Wänden übereinander geschichtet.

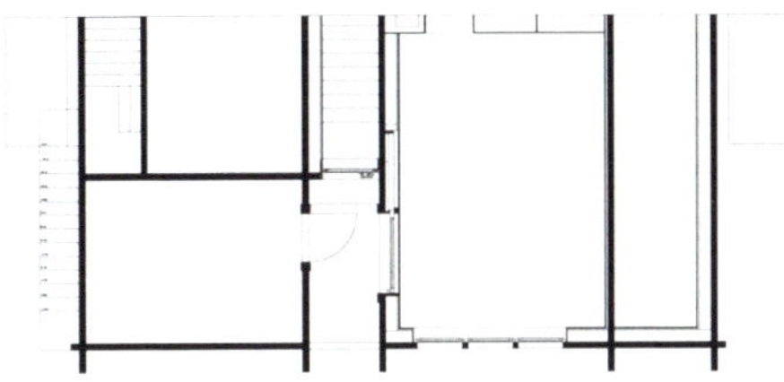

Dachgeschoss

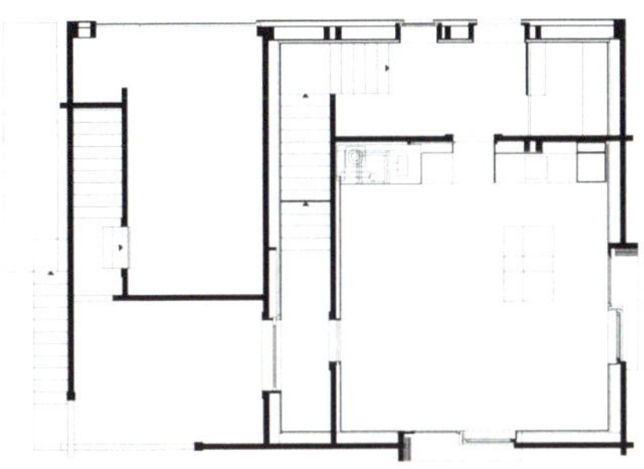

Wohngeschoss

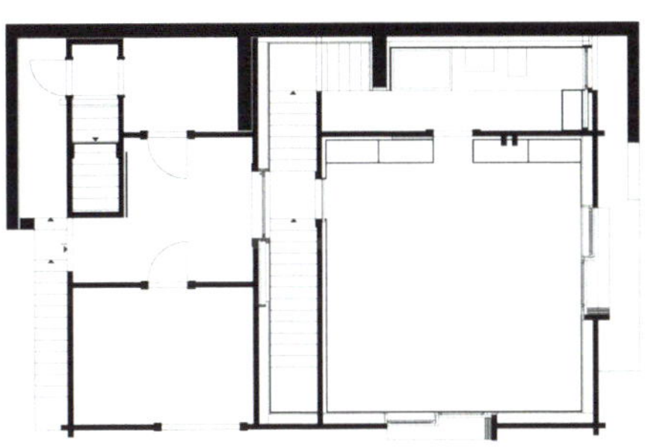

Schlafgeschoss

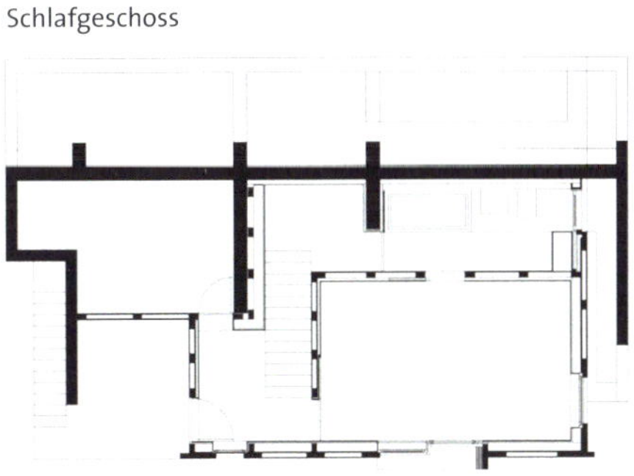

Sockelgeschoss

fugen den Schwund kompensieren. Bei der Chasa Chresta löste Caminada das Problem durch einen Zwischenraum zwischen dem Holzhaus und der Betonwanne, in der das Gebäude eingefasst ist. Dieser Zwischenraum soll den Schwund auffangen helfen, bis sich alle Elemente in den nächsten Jahren an ihrem vorgesehenen Platz befinden. So baut die Natur mit und vollendet das Gebäude.

Vier Stockwerke hoch ragt das Holzhaus aus dem Hang heraus. Dem alpinen Klima setzte Caminada ein Steildach und Schiebeläden entgegen. Durch die verschiebbaren Holzläden lässt sich das Haus komplett verschließen. Auf diese Weise wird die kompakte Wirkung des Volumens noch zusätzlich unterstrichen. Im Haus lösen sich beheizbare und kalte Räume ab. So besteht an mehreren Orten die Möglichkeit, ins Freie zu treten. Stube, Gästezimmer, Schlafräume und Bäder sind auf alle vier Stockwerke verteilt und in der beheizbaren rechten Haushälfte untergebracht. Links davon liegen die unbeheizten Loggien, die jedoch durch verschiebbare Glasfenster das ganze Jahr über genutzt werden können. Der Raumaufteilung liegt die Idee einer »Schatztruhe« zugrunde. Mithilfe seines raumplanerischen Konzepts, wie es von Adolf Loos her bekannt ist, gelang es dem Architekten, die Räume so anzuordnen, dass man beim Hinauf- und Hinabsteigen nie genau weiß, wo man sich im Haus befindet. Auch im Innenausbau der Chasa Crestas manifestiert sich, in welcher Differenziertheit Gion A. Caminada den Holzbau zu realisieren vermag. Die Schönheit der Konstruktion tritt innen wie außen unverkleidet zutage.

Die Loggia ist mit verschiebbaren Glasfenstern und Holzläden ausgestattet und das ganze Jahr über nutzbar.

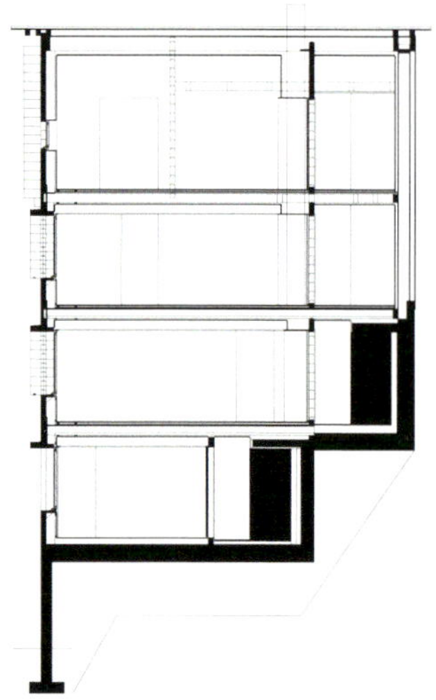

Bäderschnitt

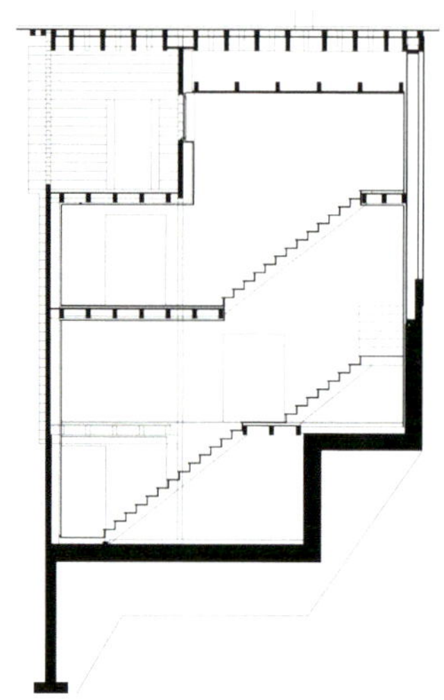

Treppenschnitt

Treppenhaus.

Beheizbare und kalte Räume lösen sich ab.

Stube, Gästezimmer, Schlafräume und Bäder sind auf alle vier Stockwerke verteilt.

Baujahr
2000
Planungszeit
12 Monate
Bauzeit
8 Monate
Grundstücksgröße
500 m² pro Haus
Wohnfläche
185 m²
Gestaltungsplan, Vorprojekt
Hubert Bischoff

Daniel Cavelti|St. Gallen
Urs Weber|Rheineck
Zwei Einfamilienhäuser in Speicher|Kanton Appenzell

Der Wohnraum als Aussichtskanzel mit Blick auf die Appenzeller Hügellandschaft.

In den sanften Hügeln des Appenzeller Landes, nicht weit von St. Gallen entfernt, liegt der kleine Ort Speicher. Hier, hoch oben auf einem Hügelkamm, einer »Krete«, an einer einmaligen Lage zwischen Bodensee und Säntis, hat der junge Architekt Daniel Cavelti vor zwei Jahren mit dem Bau zweier Einfamilienhäuser sein vielbeachtetes Erstlingswerk geschaffen. Beachtlich ist nicht nur die gelungene Architektur, für die Cavelti 2001 die Auszeichnung »Gutes Bauen Ostschweiz« erhielt, sondern auch die Lage der Wohnbauten an einem Steilhang mit fast 100 Prozent Gefälle. Die extreme Hanglage und der alte Baumbestand auf dem Grundstück bestimmten denn auch die Entwurfsstrate-gie des Architekten, der seit einem Jahr ein eigenes Büro in St. Gallen führt. Bevor er sich selbständig machte, hatte der 34-jährige Cavelti im Zürcher Architekturbüro von Valerio Olgiati sowie bei dem Wolfhaldener Architekten Hubert Bischoff erste Erfahrungen gesammelt.

Die neuen Eigentümer beauftragten Daniel Cavelti und Urs Weber, die sich für das Projekt zu einer Arbeitsgemeinschaft zusammenschlossen, mit dem Entwurf der Wohnhäuser. Der in Rheineck ansässige Architekt Weber übernahm dabei vor allem die Ausführung des auf heiklem Grund errichteten Gebäudes. Trotz der äußerst schwierigen topografischen Voraussetzungen gelang Daniel Cavelti ein vorbildlicher Entwurf, mit dem er in der ländlichen Umgebung ein architektonisches Zeichen gesetzt hat. Von der Straße aus sind die beiden Häuser kaum zu sehen. Sie schmiegen sich in den Hang und sind von Bäumen und Grün umgeben, vom dem sich nur ihre Dächer ein wenig abheben. Jeder der beiden Wohnbauten ist als Holzständerbau konzipiert und ruht auf einem Betonfundament. Lange Wandscheiben aus Beton umschließen das Kellergeschoss und bilden sozusagen das Rückgrat der beiden dreigeschossigen Häuser. Die aus vorfabrizierten Holzelementen erstellten Wohngeschosse kragen hangaufwärts aus und steigern so noch die Neigung des steil abfallenden Geländes. Die Vorlage für das ungewöhnliche Auskragen der Bauten hatte bereits Hubert Bischoff in seinem Gestaltungsplan geliefert.

Daniel Cavelti und Urs Weber haben sich für die Realisierung der Häuser zu einer Arbeitsgemeinschaft zusammengeschlossen.

An extremer Lage kragen die beiden Einfamilienhäuser aus dem Steilhang heraus.

Beide Häuser umschließen jeweils einen freistehenden Betonkern, an den sich das Treppenhaus anschließt. Der wie eine Raumskulptur wirkende Betonkubus erstreckt sich über alle drei Stockwerke. Er ist das funktionale Herz der Häuser und umfasst Küche und Sanitäranlagen. Um den Betonkern herum sind die fließenden Grundrisse organisiert. Im obersten Geschoss liegt der Wohn- und Essbereich, den der Architekt mit großen Schiebefenstern auf zwei Seiten öffnete. Die wandhohen Fensterflächen lassen sich ganz zur Seite schieben und erweitern den Wohnraum durch den schmalen Balkon. So hat man hier wie von einer Aussichtskanzel aus einen grandiosen Blick auf die hügelige Appenzeller Landschaft, das kleine Dorf Speicher, den Säntis und die Vorarlberger Alpen. Das darunter liegende Schlafgeschoss ist mit seinen schmalen Bandfenstern geschlossener und intimer gestaltet. Auf dieser Ebene gelangt man auch auf die streng gefasste Terrasse mit dem länglichen Wasserbecken. Eine kleine Treppe führt hier auf das gewachsene Terrain mit dem dichten Baumbestand.

Bei der Materialisierung beschränkte sich Daniel Cavelti bewusst auf Beton und Holz. Um die haptische Wirkung der Materialien noch zu betonen, beließ er sie roh. So sind Wände, Decken und Böden in den Häusern aus unbehandelter Eiche. Die Fassade besteht aus sägerohen, vertikal montierten Douglasie-Planken, die durch die Verwitterung mit der Zeit eine silbergraue Patina ansetzen werden. Ihre Materialisierung soll einen Bezug zu den Appenzeller Bauernhäusern schaffen. Aber auch mit seinem Konzept der weit auskragenden Vordächer knüpfte Cavelti an die traditionelle Form der ländlichen Bauten an. So sind die beiden Einfamilienhäuser auch als eine moderne Interpretation der überlieferten Architektur zu verstehen.

Einzige nutzbare Außenfläche ist eine Kiesterrasse mit einem länglichen Wasserbecken neben den Gebäuden.

Innen erstreckt sich ein Betonkubus über alle drei Stockwerke.

Blick durch den Gang auf das zweite Wohnhaus.

Die Küche im Obergeschoss wurde in den Betonkern integriert.

Das Erdgeschoss ist mit schmalen Bandfenstern intimer und geschlossener gestaltet.

Der Essbereich im Obergeschoss.

Das Schlafzimmer
im Erdgeschoss.

Obergeschoss

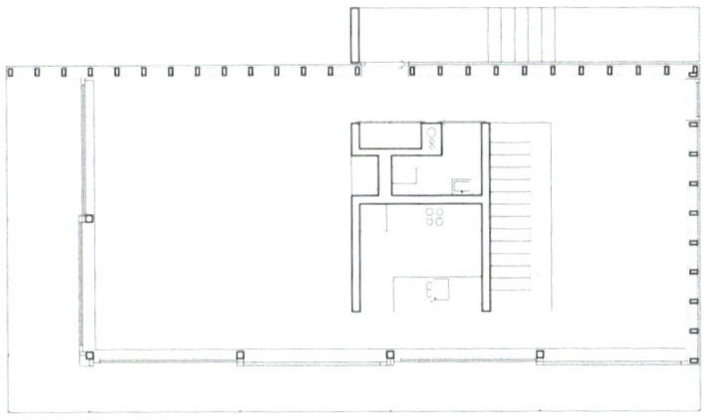

Erdgeschoss

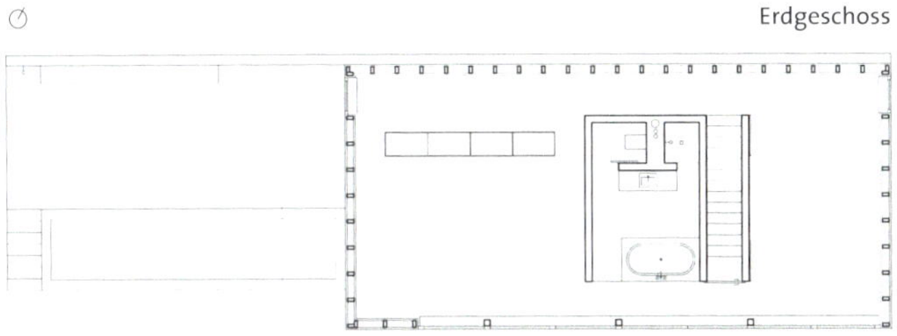

Untergeschoss

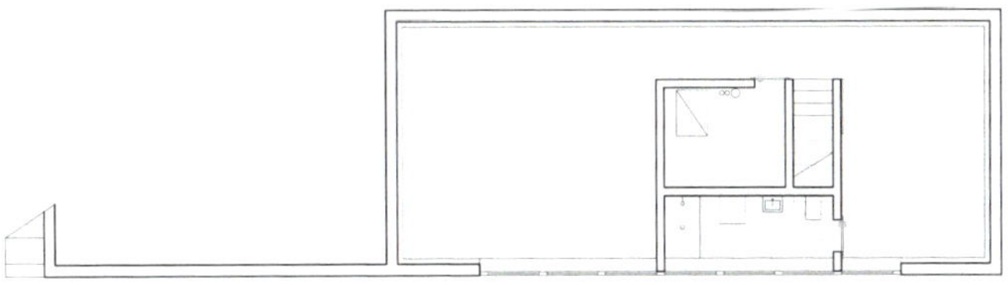

Wie die Küche ist auch
das Bad in den Beton-
kern eingebaut.

Baujahr
2002
Planungszeit
2 Jahre
Bauzeit
1 Jahr
Grundstücksgröße
1300 m²
Wohnfläche
350 m²
Mitarbeit
Carmen Müller, Christina Riester, Andreas Gisske

Dolenc Scheiwiller Architekten AG|Basel und Zürich
Ferienhaus im Engadin|Kanton Graubünden

Das Haus liegt in extremer Hanglage oberhalb eines Engadiner Dorfes.

Eine »räumliche« Architektur und das Interesse an den landschaftlichen Übergängen zwischen Innen- und Außenraum sind wesentliche Aspekte, die in die Entwurfsarbeit von Caroline Dolenc und Andreas Scheiwiller einfließen. Das Spektrum der beiden Architekten, die seit 1997 zusammen ein Büro in Zürich und Basel führen, reicht von Wohnhäusern und Umbauten bis zu Laden- und Praxiseinrichtungen sowie Sanierungen von Siedlungen und einem Flussbad aus dem 19. Jahrhundert. Eines ihrer jüngsten Projekte ist der Bau eines Ferienhauses im Engadin. Dieser Entwurf wurde vor allem durch die Ausrichtung auf die spektakuläre Berglandschaft bestimmt. Das Haus liegt an einer extremen Hanglage oberhalb eines Dorfs, mit einem Ausblick auf das breite Inntal bis hin zum Malojapass. Aufgrund seiner Lage außerhalb der Ortsgrenze gestalteten die beiden Architekten das Gebäude als »Berghaus«. Die monolithische Architektur bezieht sich dabei mehr auf die in dieser Zone vorkommenden, rein landwirtschaftlich genutzten ruralen Gebäude und setzt sich deutlich von den urbanen Engadiner Häusern mit ihren glatt verputzten Fassaden und Straßenbezügen ab. Mit seiner freien plastischen Form und den großen, offenen Zonen im Inneren hingegen knüpft es an die historische

Caroline Dolenc und Andreas Scheiwiller führen seit 1997 ein Büro in Zürich und in Basel.

Blick aus der Loggia auf das breite Inntal und das tiefer gelegene Dorf.

Das als »Berghaus« konzipierte Gebäude setzt sich deutlich von den urbanen Engadiner Häusern mit ihren glatt verputzten Fassaden ab.

Fenster auf der rückwärtigen Fassade mit Lawinenschutz.

Tiefeingeschnittene Fenster modulieren die plastische Architektur.

Die äußere Schale des Hauses besteht aus massivem Bündner Quarzit.

Bündner Architektur an und schreibt diese in einer zeitgemäßen, schnörkellosen Sprache weiter.

Das Berghaus schöpft seine ganze Kraft aus den Bezügen zu Geschichte, Landschaft und Orten. Eine starke, gerade Wand bildet das Rückgrat des Hauses gegen den Lawinenhang. Auf dieser Seite sind die Lawinenschutzfenster bündig in die Fassade eingefügt. Zum Tal und zur Aussicht hin öffnet sich das fünfgeschossige Gebäude dagegen fächerartig. Tief eingeschnittene Fenster, aufgesetzte, dicke Bronzerahmen und Loggien sowie Vor- und Rücksprünge in der Fassade modulieren die plastische Architektur. Die Abweichungen vom rechten Winkel im Grundriss und der markante Knick in der talseitigen Fassade, der im Dach seine Entsprechung findet, geben dem Gebäude seine monolithische Form, die durch die Materialisierung noch verstärkt wird.

Das Haus wurde in einer zweischaligen Konstruktion errichtet, deren äußere Schale aus massivem Bündner Quarzit besteht. Das metamorphotische Gestein schimmert vielfältig und spielt mit dem Licht. Mit ihrer flimmernden Oberfläche sieht die Fassade wie die Schuppen einer Fischhaut aus. Im Gegensatz zur rauen, bewegten Fassade ist der Stein an den Stellen, wo die Fenster wie abstrakte Bilder herausgeschnitten sind, ganz glatt und geometrisch streng. Der Stein der Außenhaut wird auch im Inneren des Hauses weitergeführt, hier ist es jedoch der feinere Serpentin, der als Bodenbelag dient. Im Wohnbereich wurde für Fensterrahmen und Parkettboden nicht wie im Engadin meist üblich Tanne oder Arvenholz verwendet, sondern die elegantere, weniger gelblich alternde Edelkastanie. Die Fenster wurden pragmatisch nach Ausblick und benötigtem Licht gesetzt. So öffnet sich beispielsweise die Küche mit einem trichterförmigen Blick auf das Tal. Auch in der Anordnung der Räume nahmen die Architekten Bezug auf die alpine Welt, durch weite, offene Zonen sowie Zwischenräume, in denen Küche, Bäder und Lift untergebracht sind. Auf diese Weise entstehen fließend ineinander greifende Flächen, die durch die Abfolge verschiedener Treppen miteinander verflochten sind. So bewegt man sich im Haus wie in einer Landschaft und erlebt den plastischen Baukörper auch im Inneren.

Fließende Wege und Raumzonen sind immer wiederkehrende Aspekte in den Bauten von Caroline Dolenc und Andreas Scheiwiller. So zum Beispiel in der vor zwei Jahren realisierten Niederlassung der Schweizer Werbeagentur Weber, Hodel, Schmid, die sich im Gebäude einer ehemaligen Textilfabrik in Wien befindet. Die zentrale Idee der

Galeriegeschoss

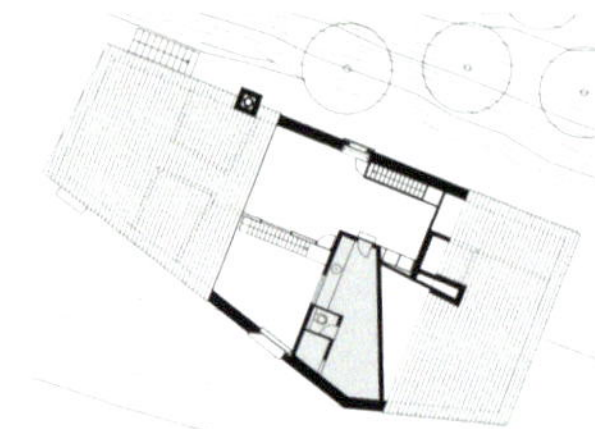

Garagengeschoss

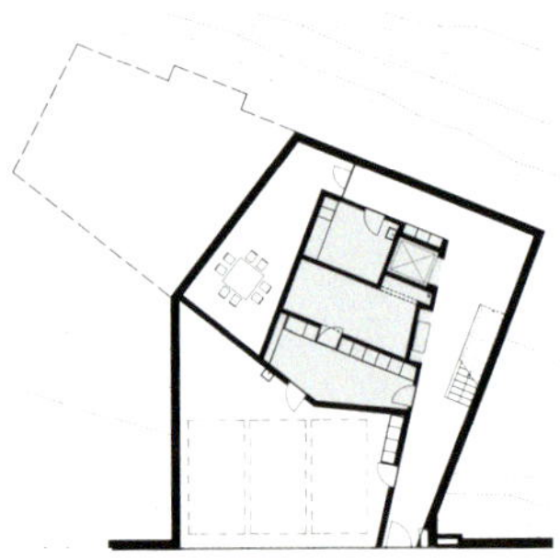

Wellnessgeschoss

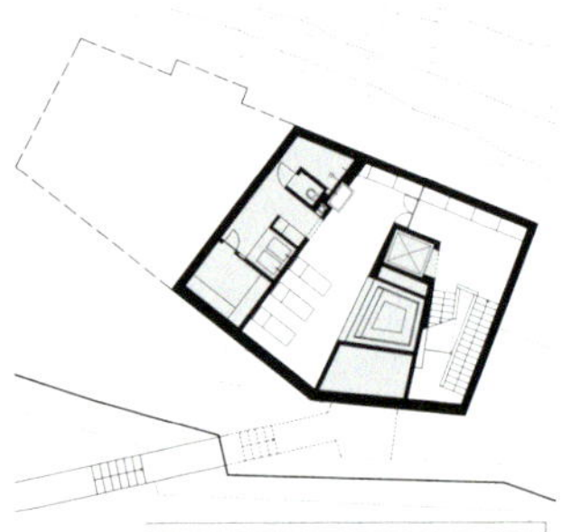

Wohngeschoss

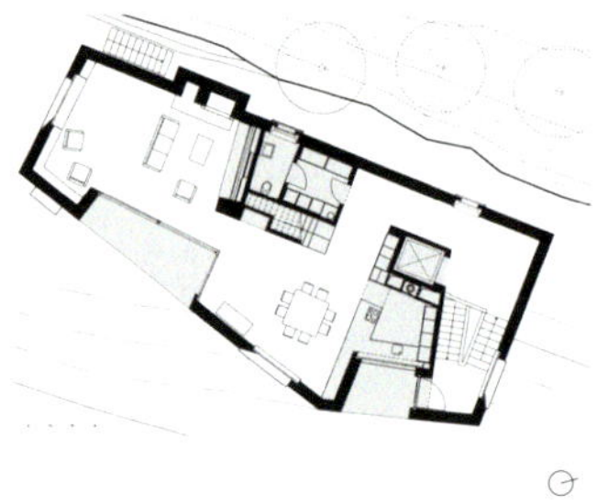

Schlafgeschoss

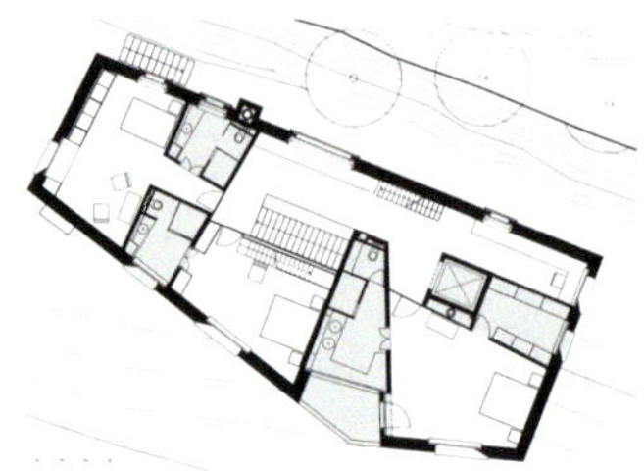

Die fünf Geschosse werden innen durch die Abfolge verschiedener Treppen miteinander verflochten.

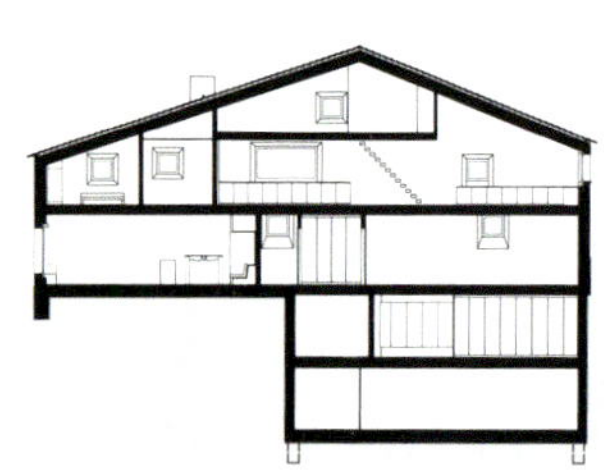

Schnitt

Der Wohnraum im Erdgeschoss. In der Anordnung der Räume nahmen die Architekten Bezug auf die alpine Welt.

Blick nach Süden auf das Tal.

beiden Architekten war, in die 550 Quadratmeter große Halle ein schwarz glänzendes Wandelement zu stellen, das im Grundriss an das Gehäuse einer Schnecke erinnert und von außen spiralähnlich ins Zentrum des Raumes führt. Die Schnecke dient als Schrank, Regal und Raumteiler und ist durch die darin eingelassenen Türen mit den Abteilungen der Agentur verbunden. Zur Zeit entwickeln Caroline Dolenc und Andreas Scheiwiller im Auftrag der größten Schweizer Bank UBS Sanierungskonzepte für verschiedene Siedlungen, die aus den Fünfzigern, Sechzigern und später stammen. Dabei geht es den Architekten in erster Linie um ein grundlegendes Konzept, dass einen systematischen Umbau der unterschiedlichen Siedlungen ermöglicht. Im Zentrum ihrer Überlegungen steht dabei die Baukultur jener Zeit und die Frage, wie sich die biederen Siedlungen zeitgemäß gestalten lassen, ohne dass der typische Charakter gänzlich verloren geht.

Baujahr
2000
Planungszeit
11 Monate
Bauzeit
15 Monate
Grundstücksgröße
2570 m²
Wohnfläche
1260,33 m²
Landschaftsarchitektur
Zulauf, Seippel, Schweingruber
Farbgestaltung
Adrian Schiess
Mitarbeit
Peter Steiner, Samuel Thoma, Roger Naegeli

Gigon/Guyer Architekten|Zürich
Drei Wohnhäuser in Zürich|Kanton Zürich

Die aus drei Bauten bestehende Siedlung thematisiert das gehobene Wohnen in der Stadt.

Kaum hatten Annette Gigon und Mike Guyer 1989 ihr gemeinsames Büro gegründet, gewannen sie bereits den Wettbewerb für das Kirchner-Museum in Davos. Ihr Entwurf für den prestigeträchtigen Bau machte die beiden Zürcher Architekten mit einem Schlag bekannt. An dem 1992 eröffneten Museum zeigte sich erstmals die Präzision, mit der Gigon/Guyer Materialien und Werkstoffe einsetzen, und die Konsequenz, mit der sie ihre Entwurfsideen umsetzen. Bereits in jungen Jahren haben die 1958 und 1959 geborenen Architekten ein umfangreiches Oeuvre geschaffen. Auf Davos folgten unter anderem die Erweiterung des Winterthurer Kunstmuseums (1995) und der Umbau der Sammlung Oskar Reinhart am Römerholz (1998) ebenfalls in Winterthur sowie der 2002 vollendete Archäologische Museumspark Kalkriese in der Nähe von Osnabrück. Annette Gigon und Mike Guyer verstehen es, in ihren Projekten Orte neu zu definieren, gewohnte Sehweisen zu durchbrechen und zu hinterfragen. Ihr besonderes Anliegen liegt darin, bewährte Nutzungen mit ästhetischem Kalkül zu verbinden und architekturtheoretische Paradigmen zu hinterfragen. Mit Mut und Konsequenz loten sie die Möglichkeiten aus, bekannte Werkstoffe und alltägliche Materialien neu einzusetzen. Neben Glas, Holz und Metall steht dabei immer wieder der Beton und seine verschiedenen Verarbeitungstechniken im Mittelpunkt ihrer Auseinandersetzung.

Im Kirchner-Museum verliehen sie dem Kubus eine neue Selbständigkeit. Mit dem 1999 fertig gestellten Museum Liner in Appenzell setzten sie sich intensiv mit der skulpturalen Wirkung von Architektur auseinander. So interpretierten sie in der Zickzackform dieses monografischen Museums, das den Appenzeller Malern Carl August und Carl Walther Liner gewidmet ist, die regionalen Satteldächer wie auch die Industrieсheds neu. Die silbrigen, schräg versetzt überlappenden Chromstahlplatten

Die international tätigen
Architekten Annette
Gigon und Mike Guyer.

Mit einer feinkörnigen Siedlungsstruktur nahmen die Architekten Rücksicht auf die bestehende Bebauung.

Die drei kubischen Gebäude wurden auf einem gemeinsamen Podium platziert.

greifen ein weiteres Thema des Ortes auf: die Schindeln. Doch sind die Elemente derart verfremdet, dass ein direkter Bezug unterbleibt. Den gezackten Dachbereich integrierten die Architekten so in die Gesamtform, dass schließlich der skulpturale Ausdruck des Baukörpers entstand.

Immer wieder schaffen Annette Gigon und Mike Guyer Orte für eine »konzentrierte Wahrnehmung«. Mit dem Bau des Museums Liner entwarfen sie dabei eine Architektur, die über eine starke und eigenwillige Ästhetik verfügt. Das »Sehen« erhält hier eine zentrale Rolle, die an den betont breit gerahmten Panoramafenstern ablesbar ist. In einem anderen Zusammenhang sprechen die Architekten von so genannten »Sehinstrumenten«. Aber auch ohne besondere architektonische Hervorhebung vermitteln die Öffnungen in der Architektur von Gigon/Guyer den Eindruck, ihr eigentlicher Zweck sei der, das Dahinterliegende wie Bilder zu rahmen. In den drei Wohnhäusern an der Susenbergstraße in Zürich taucht das Thema auf eine neue Weise auf. Die großen Wandöffnungen sind so dicht gesetzt, dass sie die Baukörper fast schon auflösen. Dennoch bleibt trotz der starken Durchlöcherung der Fassade der Eindruck der Massivität erhalten. Im Gegensatz zu früheren Wohnbauten, wie etwa der 1996 fertig gestellten Überbauung Broëglberg in Kilchberg, sind die Rahmen hier Teil des Baukörpers. Sie erscheinen wie Augen, die den Ausblick auf die Landschaft ebenso thematisieren wie das gehobene Wohnen am Rande der Stadt.

1998 hatte der Zürcher Frauenverein einen Wettbewerb für eine neue Wohnüberbauung mit Sichtbezug zum höher gelegenen Hotel Zürichberg ausgeschrieben, die das alte, an der Susenbergstraße gelegene Pensionshaus »Heimeli« ersetzen sollte. Gigon/Guyer erzielten mit ihrer kleinteiligen, »feinkörnigen« und auf die umgebende Siedlungsstruktur Rücksicht nehmende Bebauung den ersten Preis. Die drei Wohnhäuser sind

Attika

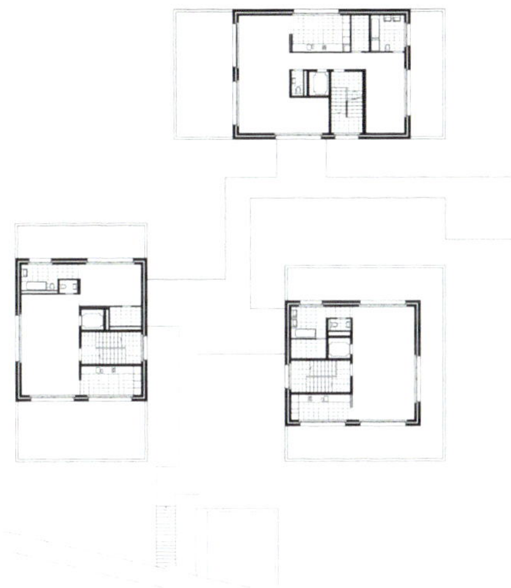

Ansicht von Norden.

1. und 2. Geschoss

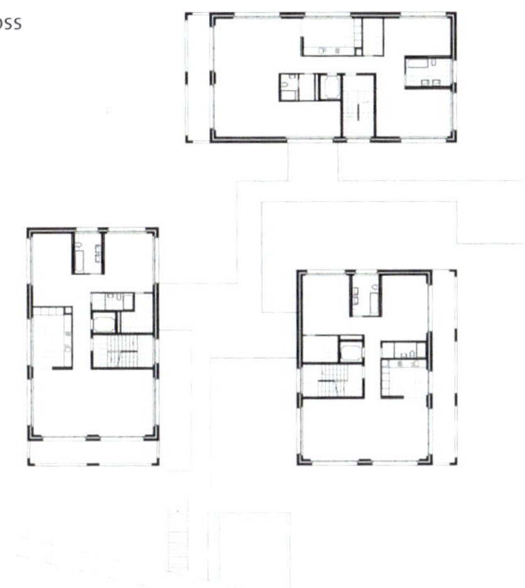

Die wie aus Blütenstaub aufgetragenen, matten Fassadenfarben verleihen den Häusern ein durchscheinendes Kolorit.

Erdgeschoss

Das Podium mit Zugangswegen.

Untergeschoss

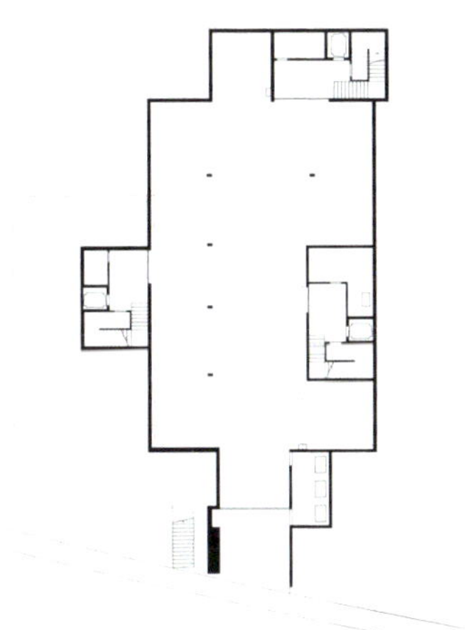

Rundum verglaster Wohn-Ess-Bereich.

Durch die unterschiedliche Anordnung der Loggien erhalten die Wohnungen eine jeweils andere Akzentuierung.

Wohnraum im Attikageschoss.

Solitäre, die die Struktur ihrer näheren und weiteren Nachbarschaft fortsetzen. Aber es entsteht auch eine Art Dialog und Vernetzung zwischen den drei kubischen Gebäuden: durch die vergleichbaren Proportionen, die auskragenden Loggien und das ausgeklügelte Farbkonzept von Adrian Schiess.

Die Aufteilung in drei Gebäude erlaubte den Architekten eine allseitige Orientierung der insgesamt acht Wohnungen sowie eine natürliche Belüftung und Belichtung der Bäder und Küchen. Gigon/Guyer legten die Wohnungen so an, dass die dienenden Räume, wie etwa Küche, Nasszellen und Nebenräume, als Kuben oder Kerne die offene »Wohn-Raum-Fläche« räumlich gliedern. So entsteht der Eindruck des offenen Fließens des Raums, der durch den fugenlosen, gleichmäßigen Boden aus gegossenem Hartbeton und die wandhohen Schiebetüren noch zusätzlich unterstrichen wird. Mittels der Schiebetüren lässt sich diese so gegliederte Fläche in die gewohnten Zimmer und Wohnräume unterteilen. Durch die unterschiedliche Anordnung der Loggien erhält die allseitige Orientierung der Wohnungen eine jeweils andere Akzentuierung. Die Loggien selbst sind als ausgestülpte, schmale Freiluft-Räume konzipiert.

Die hochmatte, blütenstaubartige »Bepuderung« der Häuser, wie sie Gigon/Guyer in einem sinnlichen Bild beschrie-

Die Bibliothek schließt an den offenen Wohnbereich an.

Die Loggien sind als ausgestülpte Freilufträume konzipiert.

ben haben, wurde durch mineralische Pigmente, aufgetragen mit Wasserglas auf die äußere Betonschale, ermöglicht. Diese verleihen den Häusern ihr mattes, durchscheinendes Kolorit, das auf die parkartige Landschaft reagiert. In allen Projekten der beiden Zürcher Architekten ist eine gewisse Affinität zur Kunst nicht zu übersehen. Für die auffällige Farbgebung des 1996 fertig gestellten Davoser Sportzentrums beispielsweise arbeiteten sie wie bei den drei Wohnhäusern mit Adrian Schiess zusammen. Das Farbkonzept, welches dem ersten und dem 2001 realisierten zweiten Teil der Wohnüberbauung Broëglberg ihr signifikantes Aussehen verleiht, entwickelten sie zusammen mit dem Künstler Harald F. Müller. Diese intensive Auseinandersetzung mit der Farbe zeigt, dass die Architekten bei aller formalen Reduktion ihrer kräftigen, aber zurückhaltenden Architektursprache sich auch den sinnlichen Aspekten der Baukunst widmen. Neben der Verbindung zur Kunst, der Klarheit der Grundrisse, der Präzision der Kubaturen, der Sensibilität für Werkstoffe und deren Kombination ist die wesentliche Stärke ihrer Bauten, Orte zu schaffen und zu prägen.

Der fugenlose, gleichmäßig gegossene Hartbetonboden unterstreicht das offene Fließen des Raumes.

Baujahr
1999
Bauzeit
14 Monate
Grundstücksgröße
1320 m²
Wohnfläche
120 m²
Mitarbeit
Mauro Vanetti, Patrick Jordi,
Athos Morisol

Silvia Gmür|Basel **Livio Vacchini**|Locarno
Drei Einfamilienhäuser in Beinwil|Kanton Aargau

Die drei Wohnhäuser sind durch einen Sockel zu einer 70 Meter langen Architektur verschmolzen.

Seit Jahrzehnten gehören Silvia Gmür und Livio Vacchini zu den herausragenden Persönlichkeiten in der schweizerischen Architekturlandschaft. Ihr reichhaltiges Werk, das sowohl öffentliche als auch private Bauten umfasst, ist durch einen ganzheitlichen Ansatz gekennzeichnet, in dem Struktur, Raum und Licht zu einer komplexen Einheit verschmelzen. Silvia Gmürs Arbeiten zeichnen sich durch eine klare Formensprache von hoher Anschaulichkeit und einem differenzierten und präzisen Eingehen auf reale architektonische und urbane Fragestellungen aus. Ihre Konzepte basieren auf einem reichhaltigen Fundus von persönlichen Erfahrungen und Analysen, der Einsatz von Materialien verrät ihre Kenntnis architekturtheoretischer wie auch konstruktiver Zusammenhänge. Im Werk von Livio Vacchini zeigten sich von Anfang an klassizistische Elemente als Referenz an die Grundregeln des Bauens. Im Laufe der Zeit reduzierte sich das klassische Ideal auf seinen konzeptionellen Gehalt.

Silvia Gmür lebt und arbeitet in Basel, Livio Vacchini in Locarno.

1990 realisierte Vacchini sein eigenes Haus in Tenero-Contra, das in Konzept, Konstruktion und Gestalt exemplarisch für die Architektur seiner jüngeren Phase steht. Auf das Haus folgten Projekte wie etwa die Hauptpost in Locarno (1993–96) und die Mehrzweckhalle in Losone (1995–97), die eine Weiterentwicklung der in seinem Haus realisierten Prinzipien darstellen, insbesondere die konsequente Reduktion der kompositorischen Mittel auf das absolute Minimum. Die besondere Bedeutung von Vacchinis Werk liegt wohl vor allem in der Kompromisslosigkeit, mit der er bei jedem Projekt seine radikalen Vorstellungen durchsetzt.

1995 schlossen sich die gebürtige Zürcherin Silvia Gmür und der 1933 in Locarno geborene Vacchini zusammen. Seit kurzem führen sie wieder eigenständige Büros und arbeiten nur noch projektbezogen zusammen. In die Zeit ihrer gemeinsamen Arbeit, in der sie unter anderem verschiedene Klinikbauten realisierten sowie Entwürfe für ein Rathaus in Nizza und ein neues Spital in Mestre erarbeiteten, fällt auch der Auftrag, die drei Einfamilienhäuser in Beinwil zu bauen. Die Häuser liegen in einer sanften Hügellandschaft oberhalb des Hallwiler Sees, auf halbem Wege zwischen Zürich und Luzern. Die Aufgabe war, Wohnhäuser für Ein- bis Zweipersonen-Haushalte zu entwerfen. Entstanden sind schließlich Bauten, die mit ihrer Architektur und ihrem Raumprogramm sozusagen als Prototyp eines minimalen Hauses gelten können. Die beiden Architekten entwarfen die Wohnbauten bewusst nicht wie Reihenhäuser. Vielmehr konzipierten sie eine 70 Meter lange und 10 Meter breite Architektur, die auf einem verbindenden Sockel steht und die drei Bauten zu einer Einheit verschmelzen lässt. Auf diese Weise wurde auch eine unterschiedliche Gewichtung der einzelnen Bauten verhindert. Alle drei Häuser sind in ihrer Gestalt gleichwertig und bieten die gleiche außerordentliche Sicht auf den See.

Südwestansicht. Alle drei Häuser sind in ihrer Gestalt gleichwertig.

Das Gesamtbild wird durch den Rhythmus leerer und geschlossener Flächen bestimmt.

Architektonische Grundlage des Entwurfs war eine strenge Geometrie und die Repetition der Formen. So wird das Gesamtbild durch einen subtilen Rhythmus leerer und geschlossener Flächen, künstlich geschaffenen Raums und gewachsener Natur sowie Betonwänden und spiegelnden Glasflächen bestimmt. Entscheidend bei der Konzeption war dabei auch die Frage, wie sich ein Abgrenzen der Privatsphäre zum öffentlichen Bereich und zur Natur hin umsetzen lässt. So zeigen sich die drei Häuser zum See hin geschlossen. Auf der geschützten, jeweils dem Patio zugewandten Seite öffnen sich die Häuser dagegen mit gebäudehohen Glasflächen. Die Häuser bieten

Der Küchentisch und der Betontisch draußen verbinden sich zu einer Horizontalen, die sich durch alle Häuser fortsetzt.

Durch die Spiegelungen in den großen Glasflächen ist die Landschaft omnipräsent.

den Bewohnern ein Höchstmaß an Privatsphäre und gleichzeitig eine enorme Transparenz, die insbesondere durch die Spiegelung in den großen Glasflächen erreicht wurde. Die Landschaft scheint durch die Gebäude förmlich hindurch zu gehen und ist omnipräsent.

Da die Häuser mit 120 Quadratmeter Wohnfläche, verteilt auf zwei Stockwerken, vergleichsweise klein sind, verliehen ihnen die Architekten durch die Materialisierung und durch große Spannweiten eine angenehme Dimension. Das ist auch das Spezifische der drei Einfamilienhäuser, für deren Bau deshalb auch nur Beton in Frage kam, mit seinem direkten, natürlichen Ausdruck, seiner Großzügigkeit und den realisierbaren Spannweiten. Innen sind die Häuser möglichst einfach gehalten. So sind die Böden und die Küchentische aus Beton. Alle Schreinerarbeiten sind gestrichen und als abstrakte Elemente gestaltet. Einen Garten im herkömmlichen Sinne haben die Häuser nicht. Die Architektur als bewusst künstlicher Raum sollte nicht mit der Natur verschmelzen. Die Häuser stehen sozusagen auf einem »Teppich«, der in den Atrien als streng geometrische Formen erscheint und die Intervention auf ein Minimum reduziert.

Die hervorstechenden Eigenschaften, die den drei Häusern in Beinwil ihr charakteristisches Aussehen verleihen, tauchen bereits schon in einem früheren Projekt von Silvia Gmür und Livio Vacchini auf, in dem Entwurf zweier Ferienhäuser, die auf der griechischen Insel Paros errichtet wurden. Auch sie thematisieren den Rhythmus von »leer und voll« sowie das Spiel zwischen künstlichem Raum und gewachsener Natur, Licht und Schatten. Zurzeit im Bau ist ein Einfamilienhaus in Ronco im Tessin, das wiederum eine Weiterentwicklung und eine klare Neuinterpretation der Ferienhäuser in Griechenland und der Beinwiler Einfamilienhäuser ist. Aber nicht nur Wohnhäuser hat das Architektenteam in der vergangenen Zeit realisiert. Auch große Projekte wie etwa die Um- und Neubauten am Kantonsspital in Chur sowie Umbau und Erweiterung des Klinikum 1 West mit neuem OP-Trakt und neuer Frauenklinik in Basel. Auf die spezifischen Themen eines Spitals antworteten die Architekten mit einer streng geometrischen Architektur, die klar in der Struktur, der Technik, den Materialien und der Lichtführung ist – und auf jeglichen Pathos verzichtet. Die schlichten Materialien und Farben bestimmen den Rhythmus und die Funktionen. Dem Licht kommt dabei eine besondere Rolle zu, es definiert die Parameter zwischen innen und außen, zwischen hoch und tief und moduliert mit unterschiedlichen Stimmungen den Raum.

Architektonische Grundlage bei der Konzeption der Häuser waren strenge Geometrie und Repetition der Formen.

Reduzierte Architektur auch innen: Alle Beton- und Schreinereinbauten sind als abstrakte Elemente gestaltet.

Die Häuser bieten Privatsphäre und gleichzeitig eine enorme Transparenz.

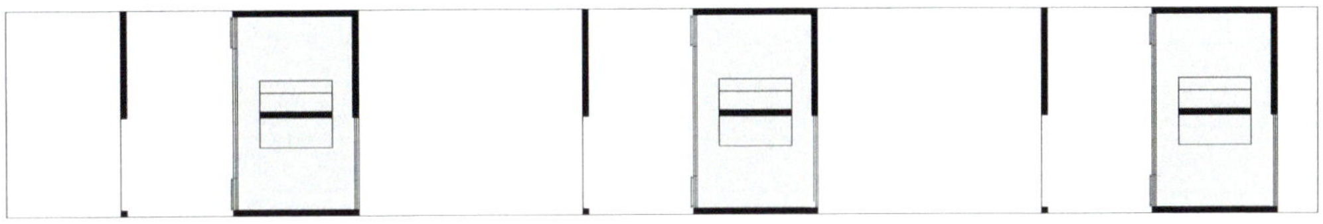

Obergeschoss

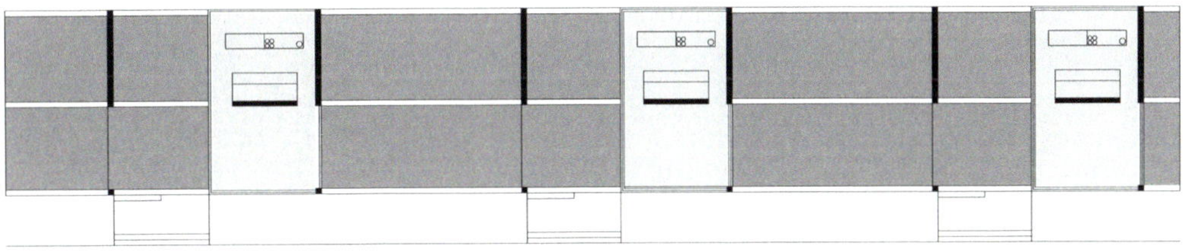

Erdgeschoss

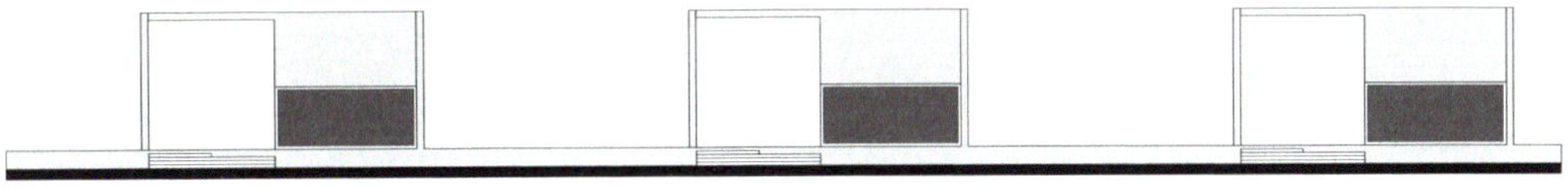

Ansicht

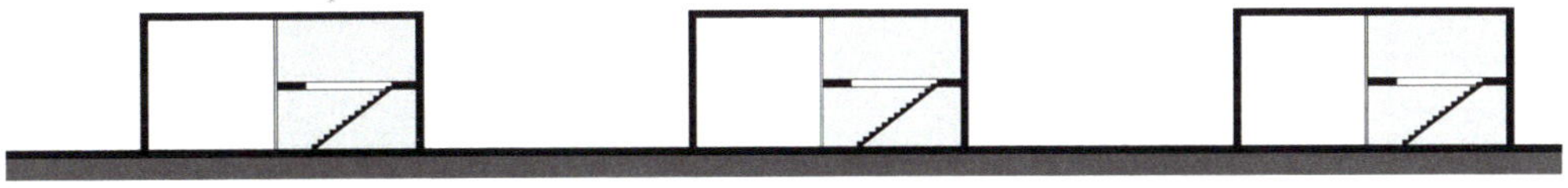

Schnitt

Baujahr I. Etappe
1999
II. Etappe
2002
Planungszeit
1990–2001
Bauzeit
2 x 2 Jahre
Grundstücksgröße
26 630 m²
Wohnfläche
38 500 m²
Gewerbe- und Bürofläche
13 000 m²
Landschaftsarchitektur
Guido Hager Zürich
Mitarbeit
Markus Christen, Jürg Marty, Claudia Späti, Stefan Bosshard

Kuhn Fischer Partner|Zürich
Siedlung Limmatwest in Zürich|Kanton Zürich

Limmatwest von der Flussseite aus gesehen, im Vordergrund der alte Turm.

In Zürich-West, dem ehemaligen Industriequartier, wurde gearbeitet, gefeuert, gerädert und geseift. Nach einem tiefgreifenden industriellen Strukturwandel in den 90er Jahren erhielt der Stadtteil mit der Zeit jedoch ein völlig neues Gesicht. Nun ist das Kreis 5 genannte Quartier das zurzeit pulsierendste in der Limmatstadt. Schicke Restaurants und trendige Bars haben sich hier neben Museen, einem Technopark, Großkinos und dem Schauspielhaus niedergelassen. Und sobald es Wohnraum gab, folgten auch die neuen Bewohner in das Trendquartier. So hat der Kreis 5 die höchste Zuwachsrate an Einwohnern. Sie wohnen in den Lofts auf dem Steinfelsareal, in der Genossenschaftssiedlung KraftWerk1 – und in der langgezogenen Siedlung Limmatwest.

Zehn Jahre wurde geplant, bis auf dem ehemaligen Schoeller-Areal ent-

Niklaus Kuhn, Walter Fischer, Peter Winistörfer vom Zürcher Architekturbüro Kuhn Fischer Partner.

Die Straßenseite von Limmatwest. In den beiden unteren Geschossen sind Gewerbeflächen untergebracht, in den beiden oberen Wohnungen.

lang der Limmat ein neuer Stadtteil im Quartier entstehen konnte. Auf 450 Metern Länge ist ein eigenes Städtchen entstanden, mit einigen hundert Wohnungen, Ateliers, Restaurants, Kindergarten und Hort, Innenhöfen, Spielplätzen und einem Kulturzentrum. Gebaut wurde die Siedlung von dem Zürcher Architekturbüro Kuhn Fischer Partner, das mit seinem Entwurf im Juli 1990 aus einem zweistufigen Architekturwettbewerb als Sieger hervorging. Ihre architektonische Lösung für das langgestreckte Gelände zwischen der rege befahrenen Hardturmstraße, dem Fluss Limmat und den Bernoulli-Häusern hatte sich gegen die Projekte großer Namen der Architekturszene wie etwa Gigon und Gyuer und Theo Hotz durchgesetzt und die international bestückte Wettbewerbsjury überzeugt. Denn mit Limmatwest ist den Architekten weit mehr als nur ein Beispiel für gute, zeitgenössische Architektur gelungen. An der Siedlung manifestieren sich die neuen, flexiblen Wohn- und Lebensformen der heutigen Zeit.

Im Süden des alten Schoeller-Areals, auf dem Limmatwest errichtet wurde, liegt ein Industrie- und Dienstleistungsquartier mit großvolumigen Büro- und Gewerbebauten. Am Nordufer der Limmat erstreckt sich ein locker bebautes Vorstadtviertel. Bei dem Entwurf des Gestaltungsplans war den Architekten die Verbindung der beiden unterschiedlichen Quartiere wichtig. Der Übergang zwischen den sehr unterschiedlichen Quartieren wollte Kuhn Fischer Partner durch das Projekt in einem klaren städtebaulichen Abschluss neu definieren. Zwischen Limmat und Hardturmstraße gelegen, wurden zwei lange, leicht geschwungene Gebäuderiegel errichtet, die die beiden Stadtviertel gegeneinander abgrenzen und doch gleichzeitig miteinander verknüpfen. Zur Straße hin zeigt sich Limmatwest als ein geschlossener Komplex; zum Fluss hin konzipierten die Architekten einen zeilenähnlichen Baukörper mit einer gelockerten Volumenverteilung. Ein quer zur Überbauung verlaufender Bahnviadukt bildet eine Zäsur und definiert das Zentrum von Limmatwest. Gleichzeitig ist es auch die Trennung zwischen den Etappen I und II.

An der von Kraftfahrzeugen und Straßenbahn vielbefahrenen Hardturmstraße wurde ein geschlossener Trakt errichtet, der als Lärmschutzriegel für die an der Limmat liegenden Wohnungen dient. Hier sind vor allem die kommerziellen Funktionen, die Büro- und Gewerberäume, untergebracht. Die Haupt baumasse mit dem Wohnteil steht am attraktiveren Ort neben dem Fluss. Dazwischen liegt die von beiden Riegeln aus zugängliche Wohngasse. Die Überlegungen, den Flussraum in die Wohngasse einzubeziehen, führten dazu, die Wohnzeile um drei Geschosse anzuheben. Der auf der Flussseite liegende Riegel ist bis zum vierten Geschoss mit so genannten Flussfenstern durchlöchert. Durch sie entstehen Sichtachsen quer zur Bebauung, Fluss und Ufer bleiben so auch im Inneren spürbar. Die Flussfenster führen zu hofartigen Ausweitungen, grüne Garten- und steinige Erschließungshöfe mit einer direkten Verbindung zur Limmat. Dabei wechseln sich die Erschließungs- und Grünhöfe ab. Ein Konzept, das durch die in unmittelbarer Nachbarschaft stehenden Bernoulli-Häuser inspiriert wurde.

Der straßenseitige Trakt wurde durch eine kammartige Erweiterung mit den Querbauten verbunden, sodass die in Längsrichtung verlaufende Wohngasse, die die einzelnen Höfe miteinander verbindet, offen blieb. In den dreigeschossigen Querbauten sind zur Wohngasse hin Kindergarten, Krippe, Büros und Ate-liers untergebracht, zum Fluss hin Wohnungen. Der Flusstrakt umfasst ein Untergeschoss, sieben Obergeschosse und ein Dachgeschoss. Der Straßentrakt ist niedriger und hat ein Untergeschoss sowie vier Obergeschosse. Querachsen gliedern das gesamte Areal und verbinden gleichzeitig die Hardturmstraße mit dem Limmatweg. An ihnen liegen die Erschließungshöfe.

Blick auf das Industriequartier von Zürich.

Laubengänge gewährleisten die horizontale Erschließung, Treppen und Aufzüge die vertikale. Für die Grünhöfe in den Flussfenstern entwarf der Landschaftsarchitekt Guido Hager langgezogene Wasserbecken.

314 Wohnungen umfasst Limmatwest. Die Hälfte ist vermietet, der andere Teil wurde als Eigentum verkauft. Konzipiert wurden die Wohnungen mit einer flexiblen Grundstruktur, die ein breites Angebot an verschiedenen Wohnungstypen ermöglicht. Die Palette reicht von Eineinhalb- bis zu Siebeneinhalb-Zimmer-Geschosswohnungen, aber auch Maisonettes sind zu finden. Raumhohe Fensterverglasungen sichern eine maximale Lichtzufuhr. Durch das intelligente Erschließungssystem sind alle Wohnungen zweiseitig orientiert. So profitieren die Bewohner einerseits von der Aussicht auf die Limmat und andererseits von der guten Besonnung der lärmgeschützten Südseite. Schiebeläden aus Profilblech dienen als Sonnenschutz und bestimmen gleichzeitig auch die Materialisierung der Fassade. Gegen außen prasentiert sich Limmatwest als geschlossene Box aus profilierten Aluminiumblechen und Eternitplatten. Innen unterstreichen Kalksandstein und Farbflächen den halbprivaten Charakter der Siedlung.

Seit rund vier Jahrzehnten ist das Architekturbüro Kuhn Fischer Partner im Großraum Zürich tätig und hat in dieser Zeit eine große Zahl an Neubauten und Umbauten geplant und ausgeführt. Auftraggeber des von Walter Fischer und seinen beiden Partnern geführten Büros, das zurzeit 25 Mitarbeiter beschäftigt, waren private Bauherren, Genossenschaften und die öffentliche Hand. Namhafte Aufträge haben sie sich immer wieder über Architekturwettbewerbe erkämpft. Einige davon wurden zu Marksteinen ihres Schaffens. So erhielten sie für die Wohnüberbauungen Gutstraße und Brahmshof die »Auszeichnung für gute Bauten« der Stadt Zürich. Und der Kanton Zug verlieh ihrer Siedlung Leimatt und dem Hertiforum die »Auszeichnung guter Bauwerke«. Zu ihren jüngsten Projekten gehört unter anderem der Bürokomplex »com.West«, der gegenüber der Siedlung Limmatwest errichtet und zeitgleich mit der Etappe II vollendet wurde. Wie Limmatwest mit seiner Kombination von Wohn- und Arbeitslandschaft dem heutigen Trend entspricht, so ist auch das elegante, gläserne Bürogebäude ein architektonisches Symbol für eine sich rasch wandelnde Gesellschaft, die nach ebenso anpassungsfähigen und wandelbaren Gebäuden verlangt. Mit beiden Projekten haben Kuhn Fischer Partner den Kreis 5 entscheidend mitgeprägt und zwei symbolkräftige Bauten für Zürich geschaffen.

Alle Wohnungen sind von der Zwischengasse aus erschlossen.

Laubengänge, Balkone und Terrassen bilden den Außenraum der Wohnungen. Durch das Flussfenster bleibt die Limmat auch im Inneren der Siedlung spürbar.

4. Obergeschoss

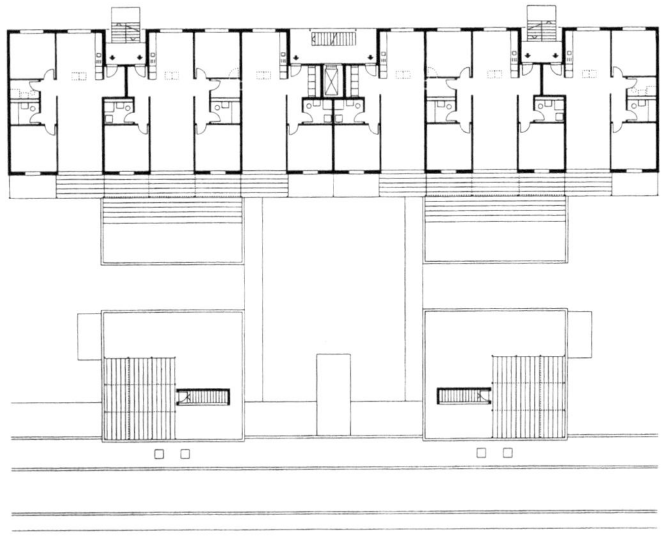

5. Obergeschoss

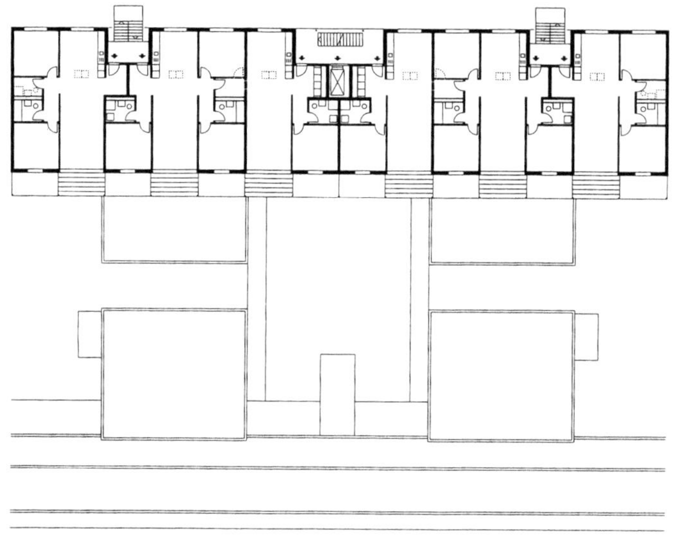

2. Obergeschoss

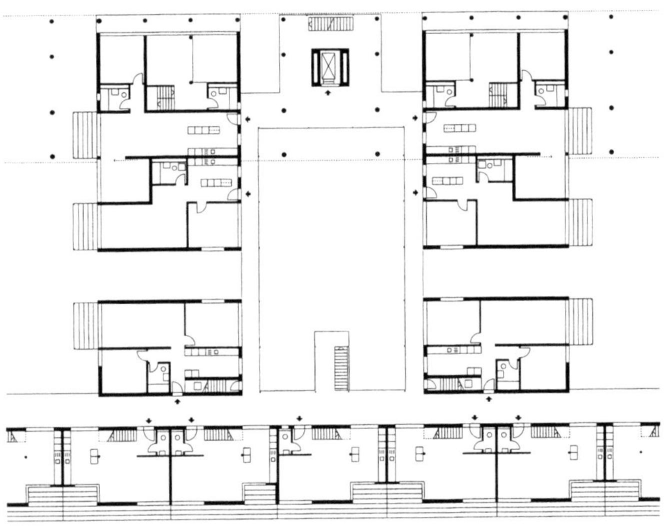

3. Obergeschoss

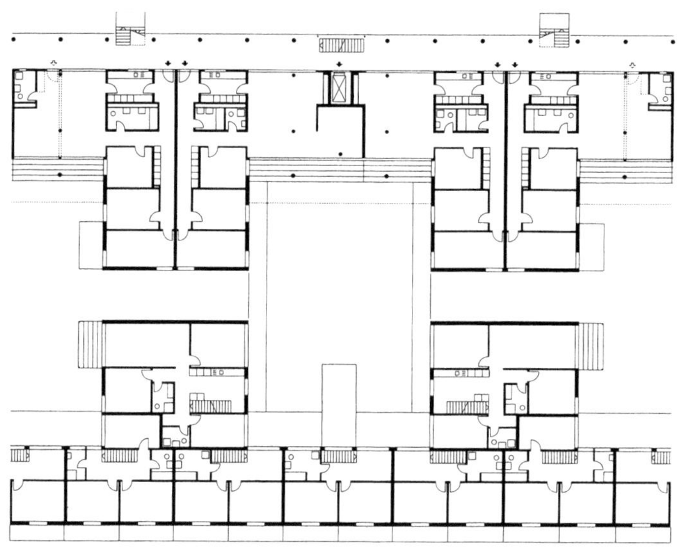

Erdgeschoss

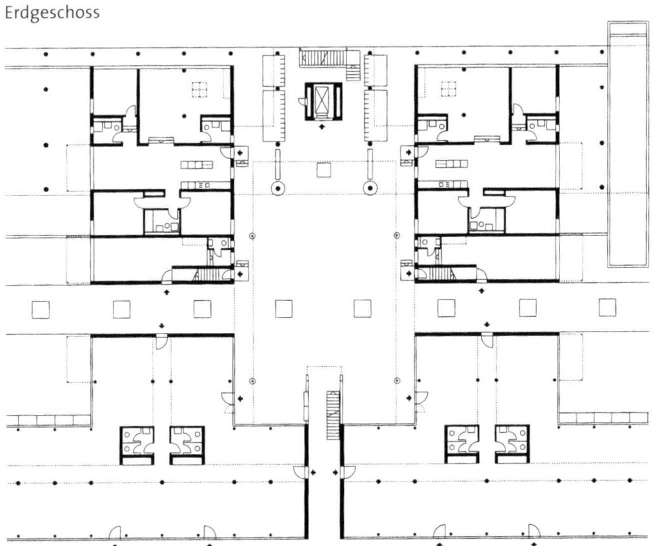

1. Obergeschoss

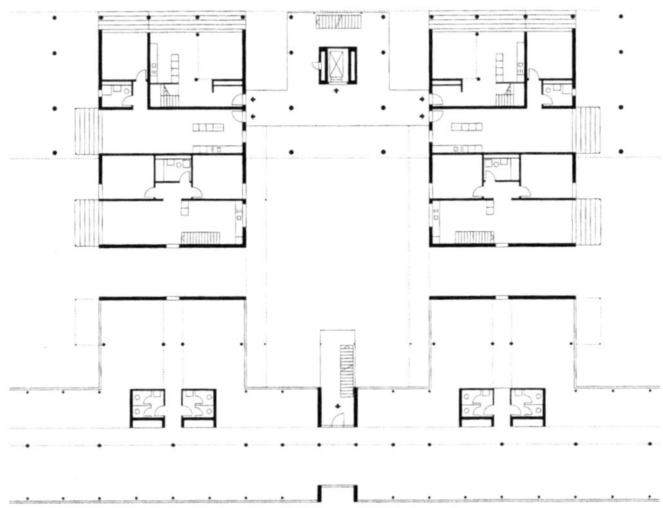

Blick in eine ebenerdige Eigentumswohnung.

Offene und großzügige Raumübergänge kennzeichnen die Wohneinheiten.

Auffallendes Merkmal sind die raumbreiten und -hohen Fensterflächen.

Baujahr
1999
Planungszeit
14 Monate
Bauzeit
15 Monate
Grundstücksgröße
599 m²
Wohnfläche
111 m²
Landschaftsarchitektur
Rotzler, Krebs Partner, Zürich
Mitarbeit
Gody Kühnis

Peter Märkli|Zürich
Einfamilienhaus in Hünenberg|Kanton Zug

Wände aus Glasbausteinen übernehmen durch ihre diffuse Halbtransparenz eine sowohl trennende als auch verbindende Rolle.

Peter Märkli hat schon immer einen besonderen Platz in der etablierten Architekturszene eingenommen. Bereits Anfang der 80er Jahre, als das Verhältnis von Kunst und Architektur noch kaum Gegenstand des architektonischen Diskurses war, platzierte der in Zürich ausgebildete und arbeitende Architekt Skulpturen des Bildhauers Hans Josephsohn mit größter Selbstverständlichkeit in seinen Bauten. So wurden denn auch seine ersten Häuser in Kunstzeitschriften gezeigt, wegen der Intensität, mit der Märkli die Kunstwerke Hans Josephsons zur Architektur in Beziehung setzt. Märklis bis heute wohl berühmtestes Werk ist das 1992 gebaute Museum »La Congiunta« am Dorfrand von Giornico in der Leventina. Der mit Architekturpreisen ausgezeichnete archaische Bau gehört zu den wichtigsten Werken der jüngeren Schweizer

Der Zürcher Architekt
Peter Märkli realisiert
seine Bauten in einer
radikalen Formen
sprache.

Architektur und sicher zu den unabdingbaren Stationen einer Architekturreise durch die Schweiz. Die »Congiunta« ist kein Museum im traditionellen Sinne, sondern vielmehr ein »architektonischer Versuch zur Kunst«. Der ausschließlich für die Plastiken und Reliefs von Hans Josephson errichtete Bau ist sowohl ein Haus für die Skulpturen des Künstlers als auch ein Haus der Ruhe und Besinnung für den Besucher. Die Mittel, mit denen Märkli den Dialog zwischen der Architektur und den Kunstwerken inszenierte, sind elementar: Es sind Raumproportionen, Lichtführung und die Oberflächen der rohen Betonwände. In seiner radikalen Formensprache wird der hermetisch wirkende Bau zur Skulptur in der Tessiner Landschaft und macht das Grundsätzliche von Märklis Architektursprache deutlich. In der jüngeren Zeit war der 1953 in Zürich geborene Architekt an größeren Wettbewerben und Aufträgen beteiligt, darunter an einem Komplex von Schulgebäuden sowie einem Mehrfamilienhaus in Zürich, an einem Wettbewerbsbeitrag für ein Wohnprojekt in Zug und am Entwurf für ein Schulgebäude in Wörgl nahe Innsbruck. Viele dieser Projekte basieren auf der Weiterentwicklung früherer Ideen.

Die Küche ist auf das Nötigste reduziert.

In dem überhohen Treppenhaus fällt das Licht bis ins Souterrain hinunter.

Das Hauptgeschoss mit dem Wohnbereich befindet sich wegen der Aussicht im oberen Stock.

Integraler Bestandteil seines Entwurfsprozesses sind Zeichnungen und Skizzen. Sie verdeutlichen Märklis radikale Disziplin und den fast schon unerbittlichen Anspruch an sein Schaffen. Peter Märkli skizziert viel, um Dinge in Erinnerung zu behalten. Dabei sind seine Zeichnungen keine direkte Wiedergabe des Gesehenen. Vielmehr vermischen sich in ihnen Fakten und Fiktion, Traum und Wirklichkeit. Man kann unter ihnen Strukturen erkennen, die Ähnlichkeiten mit seinen konkreten Bauten haben, doch sind die Übereinstimmungen nie vollkommen. Durch sie kommen die Proportionen, denen er in intensiven Studien historischer Bauten nachgeht, geschlossene und durchbrochene Flächen, Licht und Farben zu einer unmittelbaren Anschauung.

Die strikte Konzentration der Bauaufgabe auf wesentliche Elemente prägt alle Häuser von Peter Märkli. Das Maß ist für ihn ein wichtiges Gestaltungsmittel, aus dem sich die Proportionen und Spannungsverhältnisse ergeben, von denen seine Bauten leben. 1999 realisierte der Architekt das Einfamilienhaus in Hünenberg, einem von Landwirtschaft, etlichen Dienstleistungsgebäuden und den unterschiedlichsten Wohnhäusern geprägten Ort mit Aussicht auf das Reußtal. Das am Siedlungsrand errichtete Haus liegt in einer dreieckigen Parzelle am Nordwesthang. Auf den ersten Blick fällt das mit einem braunen Kalk putz versehene Haus nicht sonderlich auf. Die dunkle Farbe der Fassade verbindet den Bau mit der Erde. Doch bei genauerem Hinsehen zeigen sich auch hier jene äußerste Präzision und Lebendigkeit, die die Projekte Märklis auszeichnen. Das Haus entwickelt sich aus dem Querschnitt des Hanggefälles. Es tritt von der Straße aus zweigeschossig in Erscheinung, während bergseitig das oberste Geschoss freiliegt. An der Nordseite springt der kompakte Kubus zurück und wird durch die mit einem Scherengitter abgetrennte Garage und die Eingangsnische eingeschnitten. Diese weiß ausgestrichene Nische findet ihr Pendant im bergseitigen Obergeschoss in der tief ins Haus gezogenen und mit einem Oberlicht versehenen Terrasse, die als Erweiterung des Innenraums genutzt werden kann. Ausgewogen proportionierte Fenster sind exakt im Kubus platziert und unterstreichen den harmonischen Gesamteindruck. Durch das überhohe Treppenhaus fällt das Licht bis ins Souterrain und weist den Weg nach oben. Wegen der Aussicht und dem Licht liegt das Hauptgeschoss mit dem Wohnbereich im oberen Stock. Eine Wand aus Glasbausteinen trennt die Küche ab und führt ins Wohnzimmer. Die einzelnen Räume sind alle miteinander verbunden. Das Spiel zwischen Innen- und Außenraum beherrschte den Entwurf des Einfamilienhauses. So lassen sich durch die verschiedenen Raumschichten immer wieder neue Ausblicke auf einen anderen Raum oder die Landschaft entdecken. Die Wände aus Glasbausteinen übernehmen dabei durch ihre diffuse Halbtransparenz eine sowohl trennende als auch verbindene Rolle ein. Der im ganzen Haus gleich gehaltene rotbraune Hartbetonboden, dessen schwarze Fugen als geometrische Muster figurieren, gewährleistet die Kontinuität des Raums. Peter Märkli verwendet die Materialien grundsätzlich in ihrer ursprünglichen Form. Sämtliche Wände des Einfamilienhauses sind weiß gekalkt. Die Einbauschränke bestehen aus lackierten Holzwerkstoffplatten, die Fenster sind aus Aluminium. Peter Märkli ist stets auf der Suche nach den wenigen Details, die wichtig sind. Diese Beschränkung ermöglicht letztlich auch die Klarheit und Präzision, die seine Entwürfe kennzeichnen. Mit dem Einfamilienhaus in Hünenberg gelang ihm ein Lehrstück, wie ein Baukörper selbstbewusst dastehen und sich dennoch subtil und genau in eine schwierige Umgebung und Topografie einfügen kann.

Das Haus wurde am Nordwesthang oberhalb von Hünenberg errichtet und entwickelt sich aus dem Querschnitt des Gefälles.

Auf der Nordseite springt der Kubus zurück und wird durch Garage und Eingangsnische eingeschnitten.

Die Terrasse auf der Rückseite ist tief in das Haus eingeschnitten.

Die ausgewogen proportionierten Fenster sind exakt im Kubus platziert.

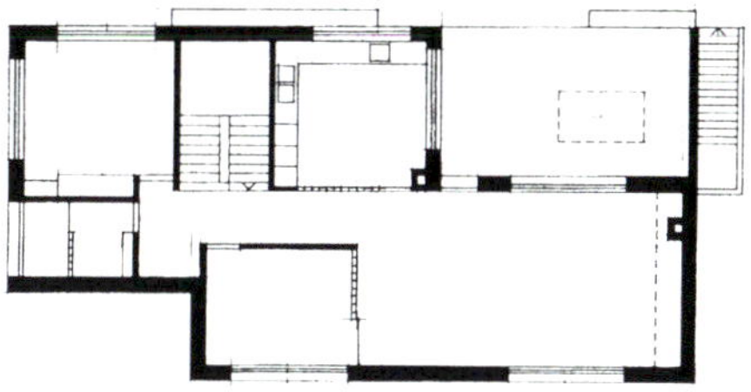

Obergeschoss

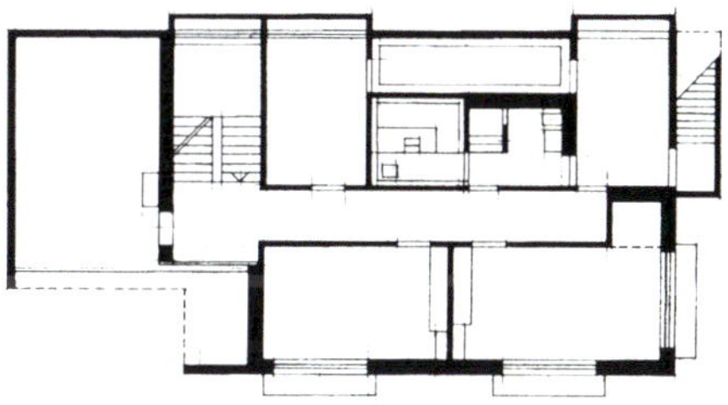

Erdgeschoss

Schnitt

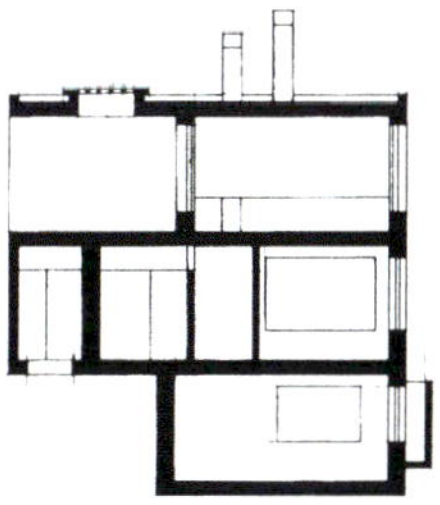

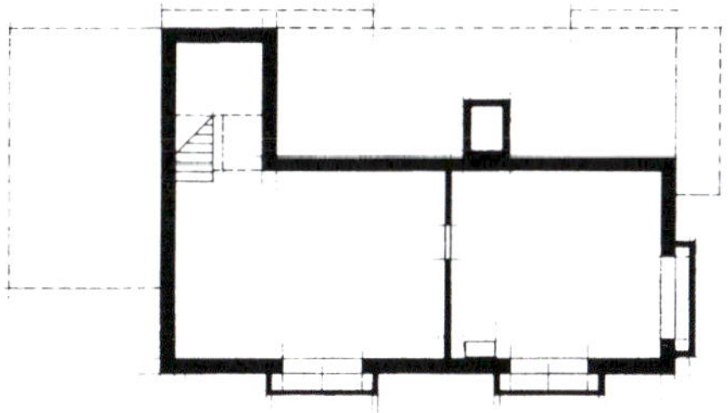

Untergeschoss

:mlzd Architekten|Biel

Zwei Wohnhäuser in Ipsach (Biel)|Kanton Bern

Haus Weidner
Baujahr
2000
Planungszeit
4 Monate
Bauzeit
9 Monate
Grundstücksgröße
752 m²
Wohnfläche
160 m²
Landschaftsarchitektur
Naturgartenleben,
Kurt Odermatt, Zollikofen

Haus Truffer
Baujahr
2000
Planungszeit
6 Monate
Bauzeit
9 Monate
Grundstücksgröße
675 m²
Wohnfläche
192 m²

Die vorfabrizierte Holzkonstruktion liegt auf einem Betonfundament, das die Verankerung des Gebäudes auf schwierigem Grund deutlich macht.

Mitten im Grünen am Bieler See gelegen, umrahmt von hochstämmigen Bäumen und mit Blick auf die Jurakette, liegen zwei bemerkenswerte Wohnhäuser. Mit ihren in Beton ausgeführten Sockelbereichen und den darauf sitzenden Holzaufbauten sind sich die Häuser auf den ersten Blick ähnlich. Beide sprechen eine klare, einfach verständliche Formensprache. Entworfen wurden sie von dem jungen Bieler Architekturbüro :mlzd. Doch trotz materieller und formaler Gemeinsamkeiten zeigen die Häuser eine eigenständige und selbstbewusste Haltung, die gleichzeitig auch den Ideenreichtum der Architekten belegen. Das aufstrebende Bieler Architekturbüro lässt sich in kein Schema zwängen. Einen bestimmten »Schweizer Stil« zu übernehmen, kommt für sie nicht in Frage. Sich offen für alles zu zeigen, ist vielmehr die Devise der um die 30 Jahre alten Architekten Mischkulnig, Lehmann, Di Giacinto, Marbach und Tanner. In den letzten fünf Jahren entstanden nach ihren Entwürfen in der Region Biel einige eigenwillige

Daniele Di Giacinto,
Lars Mischkulnig,
Claude Marbach,
Roman Lehmann,
und Pat Tanner von
:mlzd aus Biel.

Südostansicht. Die schräge Holzkonstruktion setzt dem massiven Sockel Leichtigkeit entgegen.

Einfamilienhäuser. Daneben erarbeiteten sie städtebauliche Konzepte und bauten eine Wassersportanlage, sie gestalten Möbelobjekte und vermarkten ein eigenes Küchenlabel. Im Auftrag des Bundesamtes für Sport bauten sie auf einem Nebenschauplatz der »Expo.02« den eleganten Ausstellungspavillon »Artplace«. Der 32 Meter lange und 6 Meter breite Bau, der während der Dauer der Landesausstellung 20 Kunstschaffenden Raum zum Arbeiten bot, besteht aus recycelbaren Kunststoffbehältern, die von einer Metallumreifung zusammengehalten werden. Mit dem ersten Preis bei der Erweiterung des Historischen Museums in Bern gewan-

nen die jungen Architekten 2001 zudem einen bedeutenden und prestigeträchtigen Auftrag. Das Projekt soll in Respekt zum bestehenden Museum erstellt werden. Mit einem starken, eigenständigen Entwurf wollen die Architekten ein Spannungsfeld zwischen Alt und Neu aufbauen. Baubeginn für den Erweiterungsbau, an dessen Planung :mlzd arbeitet, soll 2003 sein. Auch in einem zweistufigen Wettbewerb für die Erweiterung eines Verwaltungsgebäudes der Gemeinde Riehen überzeugten die Bieler mit ihrem Entwurf. Die baulichen Eingriffe sollen Klarheit schaffen, ohne mit der alten Bausubstanz in eine erdrückende Konkurrenz zu treten.

1997 wurde :mlzd Architekten in Biel gegründet. Lars Mischkulnig und Daniele Di Giacinto machten damals mit einem Einfamilienhaus den Anfang. Für die darauf folgenden Wettbewerbe suchten die beiden immer wieder die Zusammenarbeit mit anderen Architekten. So kam praktisch jedes Jahr ein neues Teammitglied hinzu. Heute besteht der Kern von :mlzd neben Mischkulnig und Di Giacinto aus Claude Marbach, Roman Lehmann und Pat Tanner.

Ein hoher Grundwasserspiegel verhinderte eine Unterkellerung der beiden Wohnhäuser am Ufer des Bieler Sees. Als Lösung entwarfen :mlzd Architekten an ihrer Stelle ein Fundament, das sie als gestalterischen Ansatz in den Entwurfsprozess miteinbezogen. Das auf Pfählen errichtete Betonvolumen nimmt im Erdgeschoss die Idee der Verankerung auf schwierigem Baugrund auf. Darüber liegt eine vorfabrizierte Holzkonstruktion, die dem Sockel des hinteren Haus Weidner Leichtigkeit entgegensetzt. Das zur Straße gelegene Haus Truffer vermittelt dagegen eine erdige Ruhe. Eine klassische Grundrissanordnung liegt diesem Projekt zugrunde. Im großzügig verglasten Erdgeschoss befindet sich ein offener Wohn- und Essbereich, der über einen direkten Zugang zum vorgelagerten Garten verfügt. Der durchgehende, roh belassene Eichenboden unterstreicht noch zusätzlich das fließende Raumgefüge. Den frei in den Raum gestellten Küchenblock entwarfen die Architekten selbst. Er dient gleichzeitig als Gestaltungs- und als Trennelement. Ein kleines Gästezimmer ist direkt mit der Wohnzone verbunden und kann durch eine Schiebetüre von dieser getrennt werden. In der darüber liegenden abgeschrägten Holzkonstruktion sind Schlafzimmer, Bad und eine zum Wohnraum hin offe-

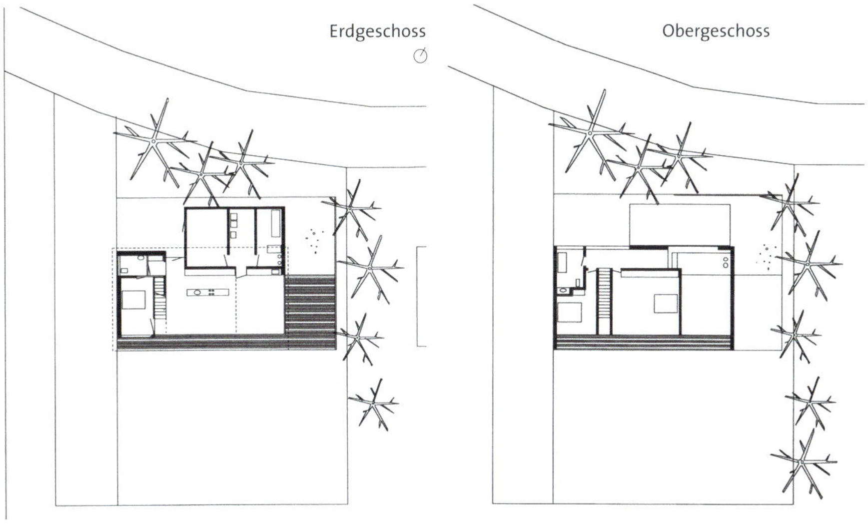

ne Galerie untergebracht. Das gesamte Raumkonzept zeichnet sich durch ein feines Gespür für Material und Farbe aus. Reichhaltige Sichtbezüge zwischen den verschiedenen Raumzonen und der Landschaft lassen das Gefühl von Weite entstehen und vermitteln dennoch Geborgenheit. Auf diese Weise vermittelt das Wohnhaus eine eigentümliche Mischung aus Eleganz und Stärke, die alle Arbeiten von :mlzd Architekten auszeichnet.

Die Wohnräume öffnen sich zum Garten hin mit großen Fensterflächen.

Das Erdgeschoss mit dem Wohn- und Essbereich hat einen direkten Zugang zum Garten.

Im Dachgeschoss sind Schlafzimmer, Bad und eine offene Galerie untergebracht.

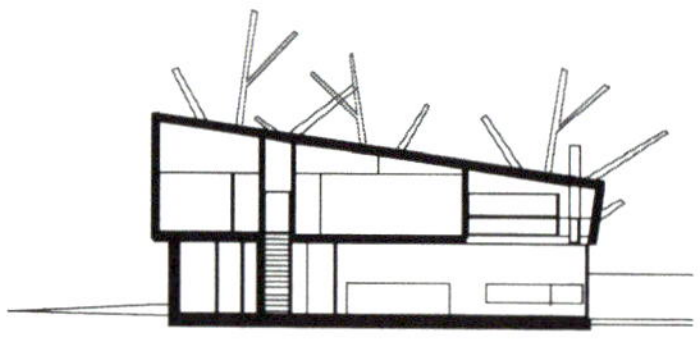

Längsschnitt

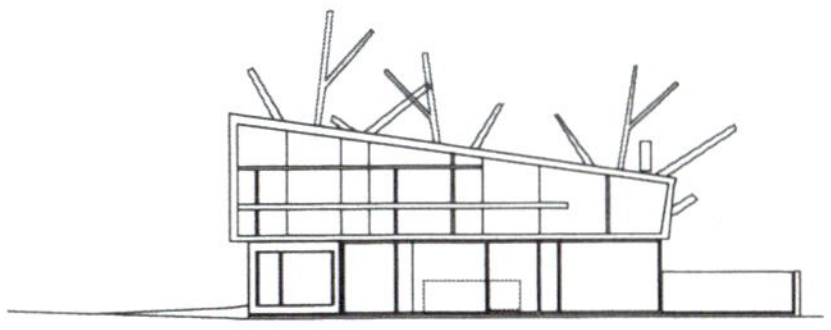

Nordfassade

Blick von der Galerie hinunter in den Wohnraum.

Reichhaltige Sichtbezüge zwischen den verschiedenen Raumzonen und der Landschaft bestimmen die räumliche Atmosphäre.

Der frei in den Raum gestellte Küchenblock dient als Gestaltungs- und Trennelement.

Baujahr
2001
Planungszeit
2 Monate
Bauzeit
7 Monate
Grundstücksgröße
543 m²
Wohnfläche
160 m²
Bürofläche
230 m²

NOVARON Eicher Hutter Gepp | Diepoldsau
Büro- und Wohnhaus in Diepoldsau | Kanton St. Gallen

Kostengünstiges und effizientes Bauen wurden bei diesem Bau in einer reduzierten architektonischen Formensprache vereint.

Lust am Experiment, Innovationsgeist und bauwirtschaftliche Kompetenz – vereint in einer reduzierten architektonischen Formensprache – kennzeichnen die Arbeiten des jungen Büros Novaron. Rund 70 Bauprojekte hat das kreative Team um Hanspeter Eicher, Jesko Hutter und Martin Gepp in der Ostschweiz und im Vorarlberg bereits realisiert. 1993 hatten sich Eicher und Hutter mit einem eigenen Architekturbüro in Diepoldsau selbständig gemacht und sich schon nach kurzer Zeit mit flexibel nutzbaren und klar gefügten Häusern einen Namen gemacht. Sechs Jahre später gründeten sie zusammen mit Martin Gepp die Firma Novaron, die sich vor allem mit flexiblen Loftsystemen auseinandersetzt. Nach der Fusion der Firma mit dem Architekturbüro im vergangenen Jahr entstand schließlich das Unternehmen Novaron Eicher Hutter Gepp, das nun auch räumlich in dem von ihnen gebauten Büro- und Wohnhaus untergebracht ist. Den Namen Novaron wählten Eicher, Hutter und Gepp in Anlehnung an den altgriechischen Begriff für »neuer Raum«, nicht nur als Firmennamen, sondern als Programm. Ihr Ziel ist, Aspekte wie kostengünstiges und effizientes Bauen zu vereinen und in eine reduzierte architektonische Formensprache umzusetzen. Daneben stehen für sie ein angemesse-

Hanspeter Eicher, Jesko Hutter und Martin Gepp gründeten vor sechs Jahren die Firma NOVARON.

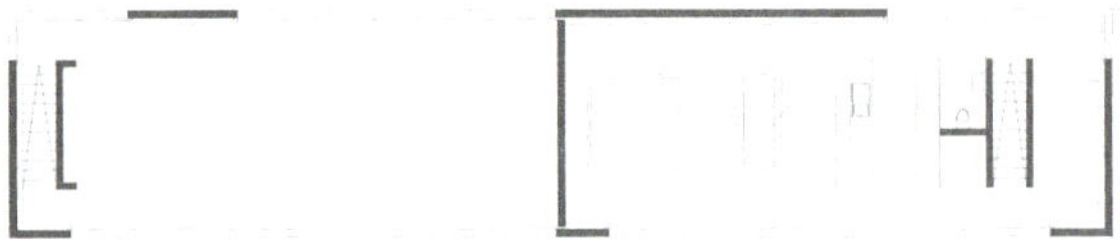

Erdgeschoss

Dachgeschoss

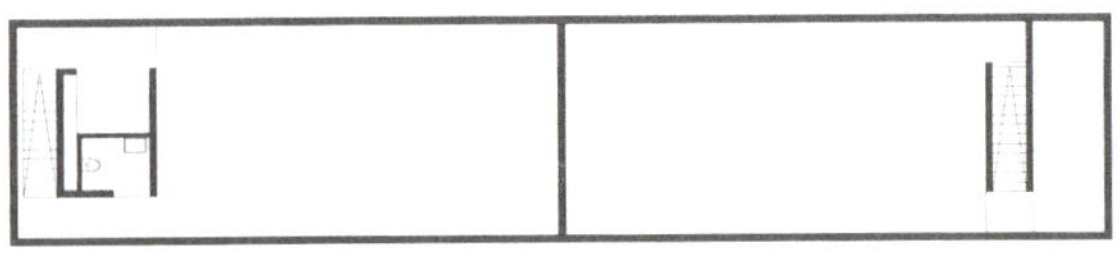

Untergeschoss

Obergeschoss

Die eingefärbte Betonfassade wirkt einheitlich und zurückhaltend. Die Anordnung der Fenster verleiht dem Baukörper Dynamik.

ner Umgang mit Ressourcen und die experimentelle Materialwahl im Vordergrund. Beton, Kupfer, Stahl und Aluminium, Fiberglas und Kunststoffe kommen zum Einsatz und werden auf unkonventionelle Weise kombiniert. Den wachsenden Ansprüchen wollen sie durch größtmögliche Flexibilität in der Architektur Rechnung tragen. Vor diesem Hintergrund entwickelte das Team ein System von Loftneubauten, das den Bewohnern ermöglicht, ihren Wohnraum weitgehend nach eigenen Vorstellungen einzuteilen. Ein wesentliches Element ihrer Arbeit sind dabei Fertigteilelemente. Die Konstruktion der Novaron-Bauten beruht oft auf Modulen. Zudem werden möglichst wenig unterschiedliche Fenstergrößen eingesetzt, die Außenhülle ist auf das nötige Minimum beschränkt. Neben ihren großen Loftprojekten arbeiten Eicher, Hutter und Gepp unter anderem an einer Siedlung in Zürich, Hotels in Österreich, einer Bad-Kollektion sowie an einem Konzept für Thermalbäder.

Die Grundidee, preislich interessanten Wohnungsbau zu realisieren, der trotzdem großzügige Raumverhältnisse bietet, entstand bereits schon im Sommer 1997. Ein Jahr später startete Novaron mit seinem ersten Pilotprojekt, der Ausarbeitung von HAUS 1, das in der vorarlbergischen Stadt Dornbirn gebaut wurde. Dem Entwurf lag die Idee zugrunde, den Bewohnern die Möglichkeit zu geben, ihre Wohnungen nach individuellen Bedürfnissen zu gestalten. So entstanden im Laufe des Jahres 1999 zwei Bauten mit je 12 Wohneinheiten, bei denen Einteilung und Gestaltung des Innenraums den Eigentümern oblag. Aber auch die Fassade konnten sie mitbestimmen und aus den drei verschiedenen Materialien, nämlich Glas, Milchglas und geschlossene Wandelemente, wählen und so das Wechselspiel zwischen offen und geschlossen individuell bestimmen. Zu den jüngsten Projekten des Novaron-Teams gehören 9 Lofts im Zentrum von Widnau. Auch hier setzten Eicher, Hutter und Gepp ihr Wohnkon-

Das Kinderzimmer im ersten Stock des Wohnhauses.

Das Bürohaus verfügt über drei Stockwerke, das Wohnhaus ist zweigeschossig.

Die Konstruktion der Novaron-Bauten beruht auf Modulen. Die Außenhülle ist auf das nötige Minimum beschränkt.

zept konsequent um. Dabei unterscheiden sich die Lofts von jenen in Dornbirn nur geringfügig. Durch die frei wählbare Raumeinteilung entstanden 9 völlig unterschiedliche Lofts, die sich auch in der Fassadengestaltung widerspiegeln. Großzügige Glasfronten wechseln sich mit Rohaluminium-Elementen ab und kennzeichnen das Spannungsfeld zwischen offener Architektur und privater Wohnatmosphäre.

Die Einfamilienhäuser wie auch die Loftgebäude von Novaron sind durch eine Individualität und Variabilität geprägt, die sich auch in dem 2001 realisierten Büro- und Wohnhaus wiederfinden. Das längliche, schwarze Gebäude steht inmitten des Dorfkerns von Diepoldsau, aber auch an der Grenze zum Industriegebiet. Aufgrund der Lage wollten die Architekten mit dem Gebäude einen Übergang zwischen dem Wohngebiet und der gegenüberliegenden Industriezone schaffen. Der dunkle Betonkubus setzt ein markantes Zeichen und bleibt dennoch im Dialog mit dem gewachsenen Umfeld. Das Äußere ist zurückhaltend gestaltet, jedoch verleiht die Anordnung der Fenster dem Gebäude eine gewisse Dynamik. Die innere Struktur ist dabei von außen nicht ablesbar. Das Bürohaus verfügt über drei Geschosse, das Wohnhaus hat zwei Stockwerke. Beide Bereiche haben einen

Stützen befinden sich nur am Rand, der gesamte Innenraum kann so vielfältig genutzt werden.

Der Wohnbereich im Erdgeschoss besteht aus einem großen, loftähnlichen Raum.

Eingangsbereich im Wohnhaus.

Zugang zur Dachterrasse. Stützen befinden sich nur am Rand, sodass das gesamte Innenvolumen vielfältig genutzt und je nach Bedürfnissen in verschiedene Räume eingeteilt werden kann. Neben der Frage, wie man kostengünstig bauen kann, beschäftigt das Team von Novaron vor allem auch die Auseinandersetzung und das Experimentieren mit Materialien. So ließen sie ihr Büro in einer Art Eigenversuch nicht mit einer herkömmlichen Wärmedämmung versehen, sondern beschichteten den Beton innenseitig mit einem thermokeramischen Anstrich in den Farben Orange, Pink und Hellblau. Eine Technik, die den gleichen Effekt haben soll wie normale Dämmungen, aber wesentlich kostengünstiger ist und Raum spart. Der Wohnhaus-Bereich besteht aus einem großen, loftähnlichen Raum, in dem Wohnraum und Küche untergebracht sind. Der aus kleinen Zimmern bestehende Schlafbereich befindet sich im ersten Stock. Im Gegensatz zum Büroteil wurde das Wohnhaus mit einer konventionellen Innendämmung ausgestattet sowie mit Einbauschränken aus dunklen Sperraformplatten, die normalerweise für Stahlgroßflächenschalungen verwendet werden. Die Materialien sind roh belassen und unterstreichen die Schlichtheit der Architektur.

Baujahr
2000
Planungszeit
12 Monate
Bauzeit
20 Monate
Grundstücksgröße
3600 m²
Wohnfläche
360 m²
Landschaftsarchitektur
Vetsch und Nipkow, Zürich
Realisation
Thomas Scherer,
Feusi + Partner, Pfäffikon

Oliveira Rosa architecture studio | London
Wohnhaus in Hurden | Kanton Schwyz

Mit dem satten Brombeerton der Fassade und der hellen Holzverschalung hebt sich der minimalistische Baukörper vom Grün der Umgebung ab.

Eine idyllische Sumpf- und Schilflandschaft trennt den Zürichsee in zwei ungleich große Teile. Am kleineren Obersee, auf einem künstlich aufgeschütteten Damm, ist über Jahrzehnte ein begehrtes Wohndomizil entstanden. Hurden heißt der Ort, von dem aus man einen großartigen Blick auf den oberen Zürichsee und die nahen Glarner Alpen hat. Der größte Teil der über mehrere Jahrzehnte gewachsenen Bebauung besteht aus einer bunt zusammengewürfelten Villenarchitektur. Mittendrin steht ein modernes Wohnhaus, das von außen wie ein monolithischer Körper aussieht und an den eigenwilligen Minimalismus von Luis Barragan erinnert.

Eduardo de Oliveira Rosa heißt der junge Architekt, der mit dem Wohnhaus in Hurden sein zweites Gebäude realisieren konnte. Der in der brasilianischen Stadt Boituva geborene Oliveira Rosa lebt heute in London, wo er ein Architekturbüro führt. Seine Entwürfe zeichnen sich durch eine gelungene Mischung aus Tradition, zeitgemäßer Architektur und trendigen Ideen aus. Seine Ausbildung hatte er an der Universität von Sao Paolo absolviert und anschließend das renommierte Bartlett College in London besucht, das er unter Peter Cook mit dem Master of Architecture abschloss. Neben einem Lehrauftrag am Bartlett College realisierte der Architekt vor

Der gebürtige Brasilianer Eduardo de Oliveira Rosa lebt heute in London.

Das Haus ist in zwei Bereiche geteilt, die an den unterschiedlich hohen Baukörpern ablesbar sind.

kurzem den Umbau eines Bürogebäudes in Zürich und einen neuen La Fromagerie Shop in London.

1997 erhielt Eduardo de Oliveira Rosa den Auftrag, das Haus in Hurden zu entwerfen, das er zusammen mit Thomas Scherer vom lokalen Pfäffiker Architekturbüro Feusi + Partner realisierte. Die Gartengestaltung übernahmen die in Zürich ansässigen Landschaftsarchitekten Vetsch und Nipkow. Die umgrenzenden Mauern des Wohnhauses sind einfach gehalten. Doch schon beim Grundstückseingang eröffnet sich ein bühnenbildmäßiger Rahmen: Eine breite Rampe aus Sandsteinquadern führt sanft zum etwas tiefer gelegenen Haus, vor welchem zierliche Bäumchen in einer strengen Anordnung wie Wachsoldaten aufgereiht sind. Das Wohnhaus besteht aus geometrischen und auf das Äußerste reduzierten Grundformen, die mit der intensiven Fassadenfarbe, den Pflanzen und einem angrenzenden Wasserbecken eine fast magische Wirkung ausstrahlen. Der satte Brombeerton der Fassade hebt den minimalistischen Baukörper von dem Grün der Pflanzen und dem hellen Sandstein deutlich ab und geht gleichzeitig eine harmonische Verbindung mit ihnen ein.

Eduardo de Oliveira Rosa teilte das Haus in zwei Bereiche, die sich schon außen durch zwei verschiedene Baukörper abzeichnen. Die straßenseitige Fassade wirkt sehr verschlossen. Seeseitig dagegen öffnet sich das Haus mit großen Fensterfronten. Eine helle Holzverschalung ist hier der Fassade vorgehängt, die dem Gebäude ein südländisches Flair verleiht und im Kontrast zu den minimalistischen Kuben steht. Die wie Bilder aus der Verschalung herausgeschnittenen Fenster auf der Gartenseite lassen sich durch Holzschiebeelemente schließen. So entsteht ein vollständig geschlossener, abstrakt wirkender Baukörper.

Als Reminiszenz an die Architektur seiner Heimat versah der Architekt den verglasten Eingangsbereich mit einem kleinen, atriumähnlichen Innenhof. Im quer zum See liegenden großen Wohnraum geben Glasfronten den Blick auf Garten und See frei. Auch hier trifft man, wie überall im Haus, auf südländische Elemente, die Oliveira Rosa neuinterpretierte. So sind die Fenster zwar wandhoch, doch ist die äußere Lamellenverschalung so tief herabgezogen, dass der obere Teil der Glasflächen davon bedeckt wird. Die Holzlamellen dienen als Sonnenschutz und filtern das Licht sanft. An den Wohnraum schließt der private Bereich an, der Arbeits-, Schlaf- und Gästezimmer umfasst. Der Architekt teilte die Räume so ein, dass jedes Zimmer über einen direkten Zugang nach draußen verfügt. Zwischen Wohnraum und überdachtem Sitzplatz schließt die Küche an, ein länglicher Raum mit schwarzen

Nordostansicht. Auf der dem See zugewandten Seite wurde dem Gebäude eine helle Holzverschalung vorgehängt.

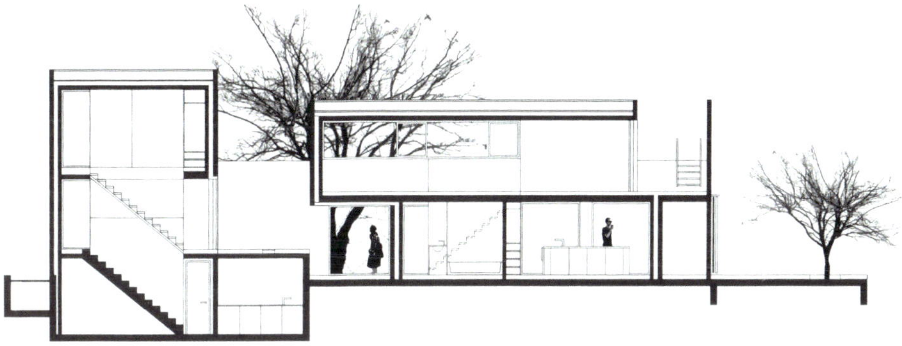

Schnitt

Detailansicht Bad.

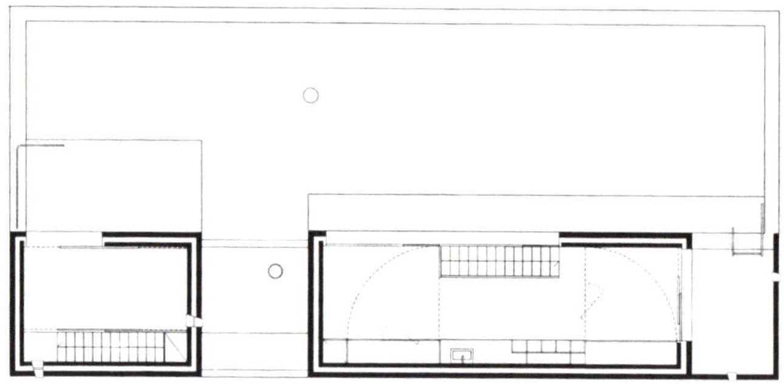

Obergeschoss

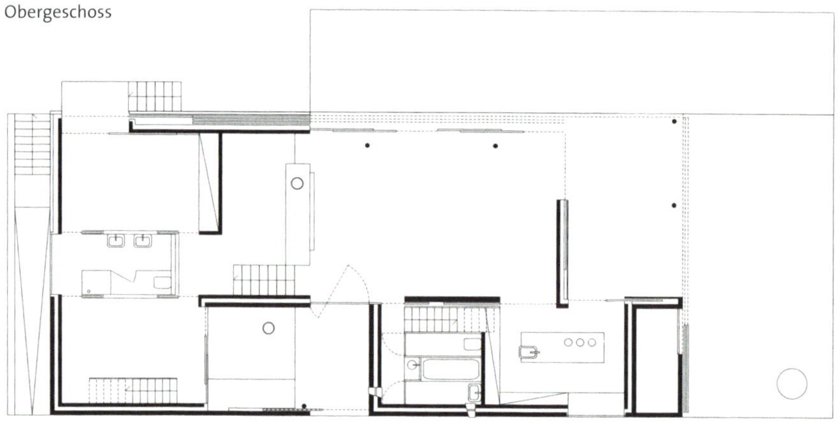

Erdgeschoss

Der Wohnraum verfügt über wandhohe, verschiebbare Fensterflächen und Holzlamellen, die als Sonnenschutz dienen.

MDF-Korpussen und einer großen Kochinsel aus Sandstein. Die Fronten der Küchenschränke sowie eine große Schiebetür zwischen Küche und Wohnraum bestehen aus anthrazitfarbenem, transparentem Fliegengitter. Als Bodenbelag im Erdgeschoss und für den überdachten Sitzplatz wurden rechteckige Sandsteinplatten mit offenen Fugen verlegt. Wie die Fliegengitter sind sie ein weiteres Element, das an die Heimat des Architekten erinnert.

Im ersten Stock des rechten, etwas flacheren Hausteils ist der Gästebereich untergebracht. Je nach Bedarf besteht diese Ebene aus einem bis drei Zimmern. Bewegliche »Klappwände« lassen sich entweder als Türen von Schrankwänden einsetzen oder als Wände von je einem Zimmer. In die auf Rollen fahrbaren Wände integrierte der Architekt abgrundete Türen, die aus einem Raumschiff stammen könnten.

Eine große Schiebetüre verbindet Küche und Wohnbereich im Erdgeschoss.

Im ersten Stock können die Räume durch bewegliche Klappwände unterteilt werden.

Baujahr
2001/2002
Planungszeit
11 Monate
Bauzeit
7 Monate
Grundstücksgröße
581 m²
Wohnfläche
202 m²
Mitarbeit
Astrid Kurth, Matthias Kohler, Matthias Weber

Beat Rothen|Winterthur
Einfamilienhaus in Oberwinterthur|Kanton Zürich

Ansicht West

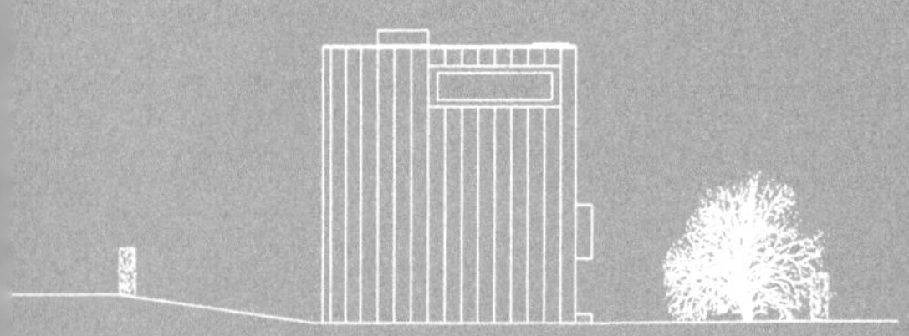

Ansicht Nord

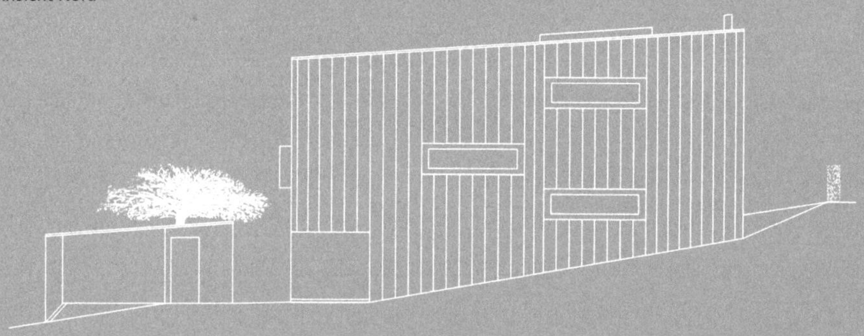

Ansicht Ost

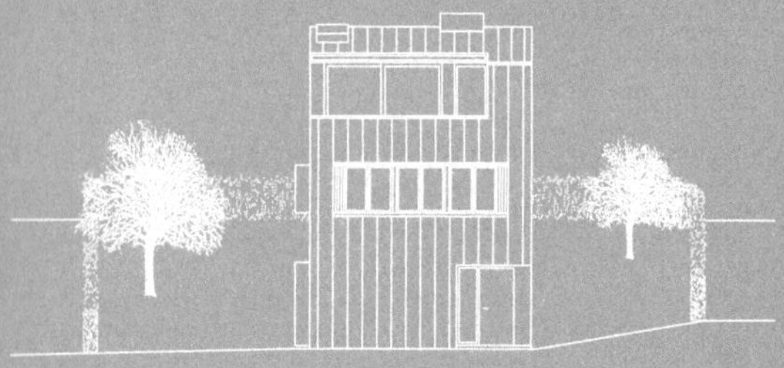

Ansicht Süd

Beat Rothen gehört nicht zu den Architekten, die sich mit luxuriösen Prestigeobjekten einen Namen gemacht haben. Dennoch gelingt dem Winterthurer mit jedem Projekt eine hochstehende Architektur, in der sich ein hohes Maß an Sensibilität und Respekt gegenüber dem Bestehenden ausdrückt, die er selbstbewusst mit modernen Elementen zu verbinden weiß. Rothen, der seit 14 Jahren ein eigenes Büro in Winterthur führt, sucht nicht die große architektonische Geste, sondern macht in seinen Projekten die Einfachheit zu seinem Grundsatz. Das Einfamilienhaus in Oberwinterthur steht in einem Quartier mit sehr heterogener Bebauung.

Neben einigen modernen Wohnbauten aus den 20er und 30er Jahren bestimmen vor allem biedere und ländliche Häuser mit Holzverkleidungen, Blechgauben und Betonvorsprüngen das Bild.

Bevor sich Rothen an den Entwurf machte, setzte er sich mit grundsätzlichen Fragestellungen auseinander: Wie kann man das bestehende Ambiente mit anderen Materialien aufnehmen und in eine zeitgemäße Sprache transformieren? Welche Form verfügt über eine eigenständige Kraft und hat dennoch mit dem Ort zu tun? Die Antwort fand er in einem einfachen, klaren Baukörper, der mit einer Blechfassade verkleidet ist. So hebt sich das Haus durch seine

Der in Winterthur ansässige Architekt Beat Rothen und sein siebenköpfiges Team.

Ganz in Metall gehüllt grenzt sich das Haus deutlich von den Nachbarbauten ab.

Unterschiedlich hohe Falzungen strukturieren die matt scheinenden Metallverkleidung und brechen die formale Strenge des Baukörpers auf.

strenge, kubische Form von den Ein- und Mehrfamilienhäusern der Nachbarschaft ab. Gleichzeitig bezieht es sich aber in seiner Materialisierung konkret auf seine Umgebung: Mit der Blechfassade thematisierte Rothen die Gauben und Läden der Nachbarhäuser. Im Gegensatz zu deren aufgesetzten Dachlukarnen und Eingangsanbauten hat der Architekt jedoch den Hauseingang im Sockelgeschoss und die geschützte Terrasse im Dachgeschoss tief in den Kubus eingeschnitten. Das ganze Haus ist mit vorbewittertem Kupfer-Titan-Zink-Blech eingekleidet. Unterschiedlich hohe Falzungen strukturieren die matt scheinende Metallverkleidung und verleihen ihr Tiefe und Konturen. Gleichzeitig mildern sie durch ihren spannungsreichen Schattenwurf die Härte des Blechkubus. Die von Rothen eigens für das Wohnhaus entwickelten und nun serienreifen Schiebe-Faltläden treten markant aus der Fassade heraus und unterstreichen zusätzlich das bewegte Licht- und Schattenspiel. Wenn sie geschlossen sind, liegen sie wie eine glatte, mit der Fassade bündige Haut über den Fenstern. So sieht das Haus von außen wie ein industrieller Wohncontainer aus.

Das Haus wächst aus dem natürlichen Gefälle des sanften Wiesenhangs am Fuße des Lindbergs. Dabei folgt das schräg abfallende Dach des dreigeschossigen Gebäudes der Südost-Neigung des Grundstücks. Aufgrund der exponierten Lage an einer Straßenecke sind die beiden auf die Straßen gerichteten Fassaden bis auf nur wenige, als Sehschlitze ausgebildete Fenster geschlossen. Vom Inneren des Gebäudes wird auf diese Weise nichts preisgegeben. Doch vermitteln die Schlitze von innen heraus Ausblicke wie gerahmte Bilder auf die Gärten und Häuser der Umgebung. Die Grundrissorganisation gestaltete Beat Rothen einfach und kompakt, um dem Haus trotz seiner nicht üppigen Grundfläche eine gewisse räumliche Großzügigkeit zu verleihen. Im Gegensatz zur harten Blechfassade prägen innen Materialien wie Sichtbetondecken, dunkle Keramikböden, weiß verputzte Wände und Böden aus geöltem Industrieparkett mit besonders langen Eichenlamellen die Räume. Eine einläufige Treppe verbindet die drei Geschosse miteinander. Auf jedem Stockwerk gliedern drei massive Sichtbetonstützen den Grundriss in eine schmale Erschließungszone und eine breite Nutzungszone. In den beiden unteren Stockwerken, wo sich Arbeits- und Schlafäume befinden, sind die Flächen zwischen den Stützen ähnlich einer Fabrikbauweise mit Leichtbauelementen eingeteilt. So lassen sich nach Bedarf jederzeit die Zimmereinteilungen ändern. Bäder und Nebenräume sind mit normalen Türen ausgestattet. Ansonsten verbinden wandhohe Schiebetüren die Zimmer und unterstreichen auf ihre Weise das fließende, offene Raumkonzept. Im Wohnbereich, der im obersten Geschoss untergebracht ist, stehen die Stützen frei im Raum und machen die Struktur des Hauses sichtbar. Ein langes Oberlicht auf der rechten Dachseite versorgt Wohnraum und Küche mit Tageslicht

Nordansicht. Der kleine Kubus neben dem Haus ist die Garage.

Der Architekt entwickelte für das Haus spezielle Schiebe-Falt-Läden.

und gibt den Blick auf den Himmel frei. Von der großen Terrasse aus bietet sich zudem eine schöne Aussicht auf Winterthur, das Zürcher Oberland und die Alpen.

Dass man einen hohen individuellen Ausbaustandard und eine anspruchsvolle Architektur auch zu einem zahlbaren Preis bieten kann, hat Beat Rothen schon mehrfach bewiesen. Anfang der 90er Jahre erhielt er von der Stadt Winterthur den Auftrag, für ein städtisches Grundstück an der Rütihofstraße ein Bebauungskonzept für zeitgemäße Reihenhäuser auszuarbeiten, die vor einem Jahr realisiert wurden. Grundbedingung der Stadt war, keine Luxushäuser zu errichten, sondern zahlbare Wohnstätten für Familien mit Kindern. Auch hier war, ähnlich der Situation in Oberwinterthur, die bestehende Bebauung sehr gegensätzlich. Oberhalb einer Naturwiese reihen sich Schrebergärten als kleinzellige Wochenendparadiese aneinander. Daneben liegt ein Freibad in der Sprache der frühen Moderne mit einem Sonnenbad aus der Zeit der Freikörperkultur. Gegenüber errichtete man in den 50er und 60er Jahren murale Reihen- und Einfamilienhäuser. Wie kann da gebaut werden, wo die Gegensätze aufeinanderprallen? Für Beat Rothen gab es nur einen konsequenten Weg, nämlich den der Vermittlung. Er nahm die unterschiedlichen Charakteristiken und dispersen Spuren der unmittelbaren Umgebung in seinem Entwurf auf und schuf eine architektonische Skulptur, die auf eigenständige Weise zwischen diesen vermittelt. Mit der Anordnung und Funktionalität der Reihenhäuser nahm er einerseits auf die Wohnhäuser im Quartier Bezug. Die Verwendung vielfältiger Materialien entspricht dagegen der heterogenen Schrebergartenwelt. Im Gegensatz zur äußeren Einheitlichkeit gestaltete Rothen die Wohngeschosse in der Anordnung des Wohn-Ess-Bereichs, der eingezogenen Terrassen und der Kücheneinrichtung individuell und schuf so trotz einheitlichen Aussehens und räumlicher Nähe fünf Unikate.

Die verglasten Sehschlitze schaffen eine Verbindung nach außen und verhindern gleichzeitig ungewollte Einblicke.

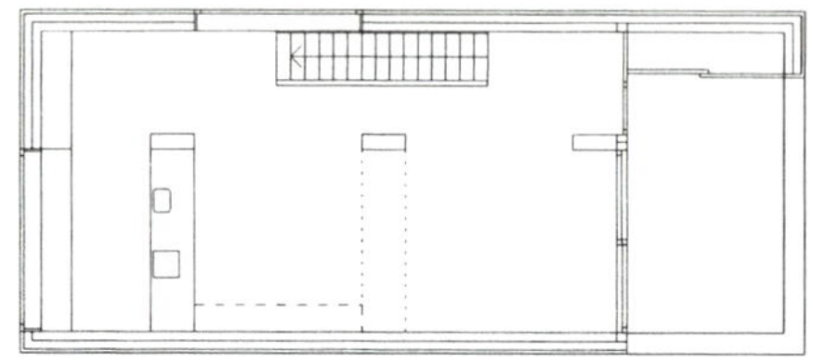

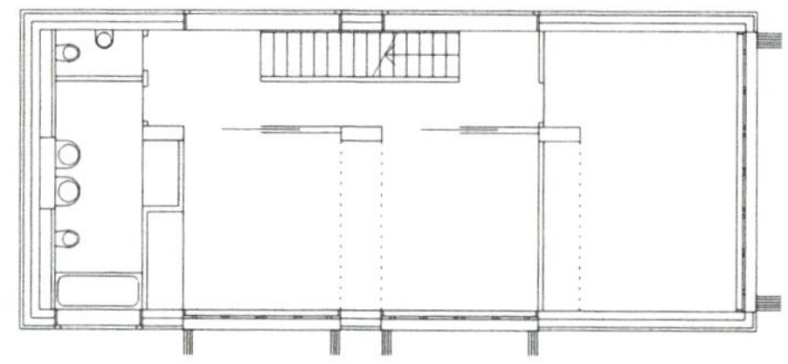

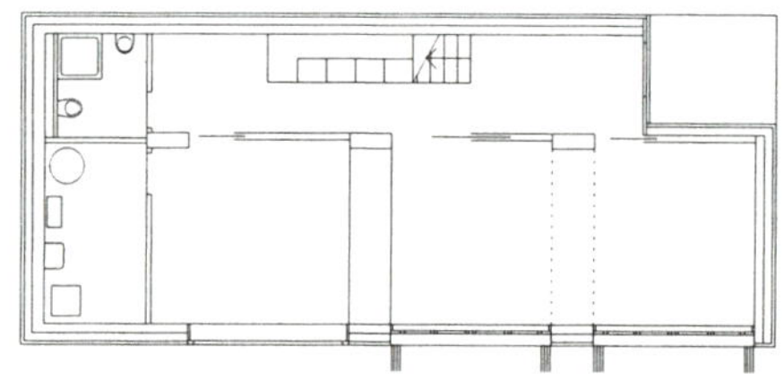

Unspektakulär effzient war auch die vor rund drei Jahren abgeschlossene Sanierung und Erweiterung der Siedlung Zelgli in Winterthur. 1994 hatte die Gemeinnützige Wohnbaugenossenschaft einen Studienauftrag für die Neugestaltung der in den 40er Jahren errichteten Siedlung vergeben. Rothen überzeugte mit seiner Strategie der Sanierung, nämlich am bestehenden Haus weiterzubauen. Er bewies große Sensibilität gegenüber der alten Substanz, ergänzte sie mit modernen Elementen und schuf eine klare, pragmatische Architektur, die auf den ersten Blick etwas befremdlich wirkt, aber umso mehr überzeugt. Zu seinen jüngsten Projekten gehört die

Auf der Nordseite sieht das Haus wie ein industrieller Wohncontainer aus.

Überbauung Ninck-Areal, das wohl ehrgeizigste Projekt des Architekten. Er konzipierte die Überbauung, die 23 Eigentums- sowie 43 Mietwohnungen mit unterschiedlichen Wohnungstypologien umfasst, als eine eigenständige Gesamtskulptur. Sie soll sich zwischen den bestehenden gebauten Gegensätzen behaupten, aber auch Übergänge und Bezüge schaffen. So thematisiert Beat Rothen mit den stufenweise reduzierten Höhen der Baukörper den Übergang zu den siebengeschossigen Bürogebäuden des Sulzer-Konzerns und zu den drei- bis viergeschossigen Mietwohnungen im Quartier. Schiebbare Fassadenelemente, deren Farbkonzept er zusammen

mit dem Winterthurer Künstler Thomas Rutherford entwickelte, dienen der individuellen Lichtregulierung und zur Schließung der Öffnungen. Durch das von den Bewohnern bestimmte Spiel mit den beweglichen, farbigen Elementen erscheint die so stringent und regelmäßig aufgebaute Fassade dennoch nie gleichförmig.

Ansicht von Osten. Im geschlossenen Zustand sind die Faltläden als glatte Haut über den Fenstern ausgebildet.

Das Wohngeschoss im obersten Stock ist vollständig offen und überrascht durch eine zum Hang geneigte Decke.

Der Essbereich erhält durch ein schmales Oberlicht zusätzlich Licht.

Eine einläufige Treppe verbindet die Stockwerke miteinander.

Badezimmer.

Massive Sichtbetonscheiben gliedern den Grundriss in den unteren Geschossen in eine schmale Erschließungszone und breite Wohnbereiche.

Baujahr
2001
Planungszeit
6 Monate
Bauzeit
1 Jahr
Grundstücksgröße
800 m²
Wohnfläche
182 m² + 202 m²
Mitarbeit
Thomas Güntensperger

Steinmann & Schmid|Basel
Doppelhaus in Münchenstein|Kanton Basel

Ein Einfamilienhausquartier aus den dreißiger Jahren bildet die Kulisse für das Doppelhaus.

Die langgestreckte, schmale Parzelle liegt inmitten eines Einfamilienhausquartiers, wo die Häuser dicht an der Straße gebaut wurden, um genug Platz für den Gemüsegarten zu lassen. In den 50er Jahren war auf der Parzelle ein kleines Haus gebaut worden, das die Besitzer abreißen ließen, um einen größeren und zeitgemäßeren Bau zu errichten, mit dessen Entwurf sie das Architekturbüro Steinmann & Schmid beauftragten. Die beiden Basler Architekten setzten einen langen Baukörper mit Satteldach auf das Grundstück. In seinem Profil ist das neue Gebäude den Nachbarhäusern ähnlich. In der Tiefe erstreckt es sich aber weiter in den Grünraum hinein. Mit seinem zwischen Milchschokolade und Schlamm changierenden Anstrich fügt sich das Doppelhaus in das bestehende Gesamtbild des Quartiers ein – und sticht dennoch mit seiner dis-

Seit elf Jahren führen Herbert Schmid und Peter Steinmann ein Büro in Basel.

Nach außen erscheint das Doppelhaus als präzise geschnittenes Volumen.

Der Erschließungsbereich liegt auf der Nordost-seite.

Die offene Wohnzone ist zum Grünraum hin orientiert.

Die großformatigen Holzfenster sind bündig in die verputzte Fassade eingefügt.

tanzierten Ernsthaftigkeit aus dem Sammelsurium verschiedenster Baustile des 20. Jahrhunderts heraus. Denn obwohl sich das Haus in seiner rigiden Konsequenz der fugenlosen Hauswände und dem bündig aufgesetzten Dach äußerst schlicht zeigt und kaum Rätsel aufgibt, wirkt es mit seinen lebhaften Anspielungen dennoch verblüffend spannungsreich. So klingt in dem Arrangement des Giebels und der sachlichen Kubatur die Formensprache der 50er Jahre an. Die nur minimal überstehende Dachkante, die nicht mehr ist als eine dünne Linie und der Verzicht auf einen Sockel, erinnern dagegen an historische Bauernhäuser.

Das schlichte Äußere des Doppelhauses in Münchenstein lässt dabei kaum auf das vielfältige Innenleben schließen. Zwei unterschiedliche Wohnungen erstrecken sich über alle Geschosse. Peter Steinmann und Herbert Schmid ge und Brüstungen gliedern die Perspektive und erzeugen zusammen mit dem Licht spannende Raumeindrücke beim Gang nach oben. Die Wohn- und Schlafräume sind gegen Süden zum Garten hin orientiert. Erschließung und Nasszellen liegen auf der Nordseite. Die klare Gliederung der Grundrisse zieht sich durch das ganze Gebäude. Fassadenbündige Schlitzfenster belichten die kompakte Nordseite und schaffen introvertierte Zonen im Haus. Dagegen öffnet sich die Südseite durch großflächige Holzfenster, die ebenfalls bündig in die dunkle Fassade eingefügt sind. Die grünlich gestrichenen Fenster verfügen auf der rechten Seite über einen Holzladen, der den Glasflächen einen Abschluss gibt, aber auch den Innenraum definiert. Die offene Galerie im Dachgeschoss der hinteren Wohnung wird zudem durch ein großes vertikales Fenster im Ostgiebel beleuchtet. Auf der Straßenseite

Wohnraum mit Küche im hinteren Haus.

machten das von der Bauordnung vorgeschriebene Satteldach zum Thema des Innenraums. So öffnet sich in der zweiten Wohnung der Raum vollständig vom Erdgeschoss bis zum First. Eine kaskadenartige Treppe führt zwei Stockwerke nach oben und betont so noch die Offenheit. Ein auf der ganzen Länge des Hauses verlaufendes schmales Oberlicht aus transluzidem Glas beleuchtet diesen Bereich. Weiße Deckenvorsprünragt eine quadratische Betonbox aus dem Haus heraus, die gleichzeitig als Garage und Balkon für die vordere Wohnung dient. Der Balkon soll im Laufe der Zeit so zuwachsen, dass er nur noch als grüner, würfelförmiger Körper wahrgenommen wird.

Seit 1992 führen der gebürtige Walliser Herbert Schmid und der aus Luzern stammende Peter Steinmann ihr Büro in Basel. Neben einigen Wettbewerben

Dachgeschoss

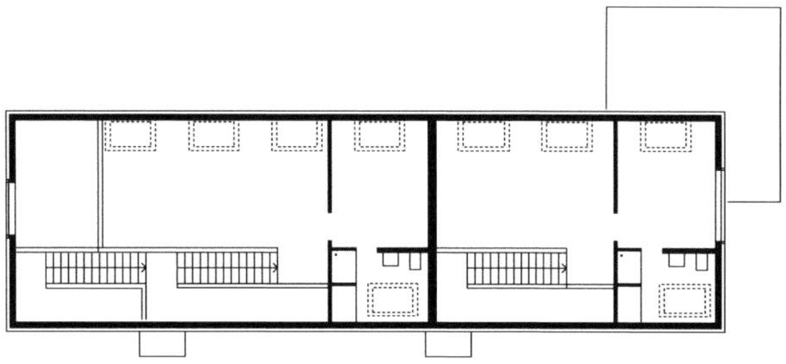

Obergeschoss

Erdgeschoss

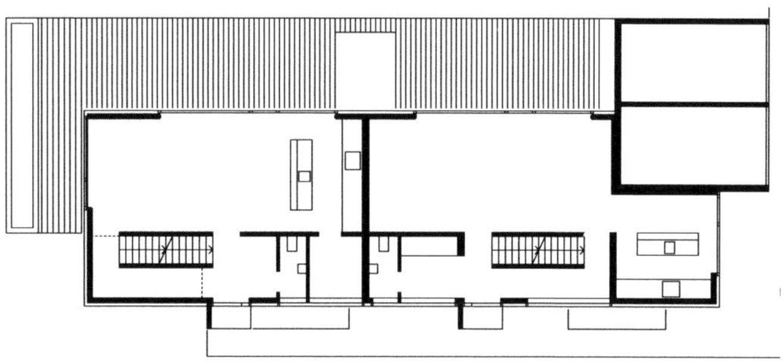

Untergeschoss

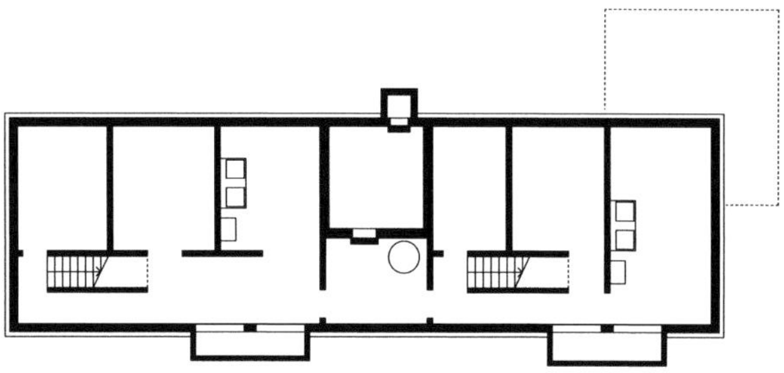

war der Umbau eines Wohnhauses damals der erste Entwurf, den die beiden Architekten realisieren konnten. In den nächsten Jahren folgten weitere Wettbewerbe, zwei Einfamilienhäuser, Möbelentwürfe und ein Umbau. Die gesamtschweizerische Architekturbühne betraten Steinmann & Schmid schließlich 1996 mit dem Bau des Service Center der Messe Basel. Ein Projekt, mit dem die Architekten zeigten, wie sie aus einer präzisen Formulierung der Funktion einen klaren Ausdruck ableiten. Das Gebäude wurde in nur sechs Monaten geplant und gebaut, was letztlich zu der Entscheidung führte, eine vorfabrizierte Holzbauweise zu wählen. Auf diese Weise ließ sich die Montage auf fünf Tage reduzieren, der Innenausbau dauerte fünf Wochen. Steinmann & Schmid wählten bewusst die architektonische Form des Solitärs, der ohne direkten Kontakt mit den anderen Gebäuden des Messegeländes errichtet wurde. So sollte der Aspekt des Provisoriums manifestiert werden. Bei der Fassadengestaltung des dreigeschossigen Gebäudes beschränkten sich die Architekten auf wenige formale Mittel: Die Fenster wurden mit weit vorgezogenen vitrinenartigen Brüstungen umrahmt und konstrastieren so die großflächige Wand. Gleichzeitig wurde die Fassade von einem umlaufenden Rahmen eingefasst, der zugleich als fensterlose Seitenwand dient. So entstand eine elegante Kiste mit einer äußerst sparsamen grafischen Komposition. Kurz nach dem Bau des Dienstleistungszentrums wurde ein zweites großes Projekt fertig: die Erweiterung des Parkhauses Saas-Fee, mit dem die Architekten einen nahezu städtischen Kontrast zur imposanten Bergwelt schufen. Zu den jüngsten Arbeiten des Basler Büros, für das rund 15 Mitarbeiter tätig sind, gehören neben dem Doppelhaus in Münchenstein die Erweiterung und Sanierung der Alterssiedlung Rheinfelderstraße sowie der Bau der Raiffeisenbank in Basel. Für den Einbau der Bank in ein Gebäude aus den frühen 70er Jahren konzentrierten sich Steinmann & Schmid auf einige wesentliche Ele-

Großflächige, bündig in die Fassade gesetzte Fenster öffnen die Wohnräume auf der Südseite.

Räumliche Vielfalt und Differenziertheit stehen im Kontrast zur reduzierten Form des Baukörpers.

Längsschnitt

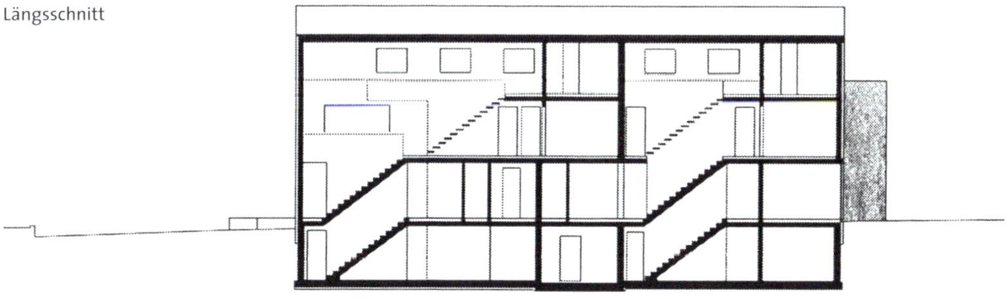

Beim Betreten des Hauses öffnet sich der gesamte Raum in der Vertikalen. Ein Oberlicht beleuchtet die Kaskadentreppe, die Geschosse und Galerie miteinander verbindet.

mente. Sie wollten Transparenz in den beiden Publikumsgeschossen, eine in den Raum gestellte bronzene Box und eine Leuchtwand. Die heute wie selbstverständlich im Raum stehende Bronzebox setzten sie dabei gezielt als Blickfang ein, der zwischen Innen und Außen vermittelt. In Arbeit sind zurzeit die Raiffeisenbank in Gampel, ein Wohnhaus in Brig, die Totalsanierung eines Wohnkomplexes am Basler Bläsiring und der Neubau des Personenbahnhofs in Visp, der auf einen Wettbewerbserfolg zurückgeht. So unterschiedlich die Projekte der beiden Architekten auch sein mögen, so verbindet sie doch ein gemeinsamer Nenner: präzise Planung und das Bestreben, ein Projekt von der Funktion her auf das Nötigste zu beschränken. Das sind die herausragenden Qualitäten von Steinmann & Schmid – nicht nur in Bezug auf ihre Bauten. Wie in der Architektur berücksichtigen sie auch beim Möbeldesign den sparsamen Umgang mit Form und Farbe, einen spezifischen Einsatz der Materialien und eine konsequente Präzision vom ersten Entwurf bis zur letzten Schraube.

Baujahr 1. Etappe
2002
Weitere Etappen
2002–04
Planungszeit 1. Etappe
18 Monate
Bauzeit 1. Etappe
20 Monate
Grundstücksgröße 1. Etappe
2820 m2
Wohnfläche 1. Etappe
2960 m²
Gewerbefläche 1. Etappe
1100 m²
Landschaftsarchitektur
Klötzli+Friedli, Bern
Mitarbeit
Reinhard Briner, Thomas Jomini, Stefan Schneider, Martin Wenger

Werkgruppe AGW|Bern
Reinhard+Partner AG|Bern
Überbauung Vordere Lorraine Volo 1 in Bern|Kanton Bern

Die Überbauung Vordere Lorraine besteht aus drei Wohnbauten verschiedenen Maßstabs und drei Altbauten. Rechts liegt die Gewerblich-industrielle Berufsschule.

Schon das Programm der Wohnsiedlung »Vordere Lorraine« ist ungewöhnlich: Die aus mehreren Neubauten und sanierten Häusern bestehende Überbauung vereint Wohnen, Arbeit, Kunst und Kinder unter einem Dach und bietet die »Miete nach Maß«. Ungewöhnlich war das Konzept der »Vorderen Lorraine« aber auch schon von Anfang an. 1997 schrieb die Stadt Bern einen Wettbewerb für den Bau einer Siedlung auf einem ehemaligen Industrieareal aus, das ursprünglich für den Ausbau der Gewerbeschule vorgesehen war. Zu dem Wettbewerb wurden gemischte Projektteams aus Architekten und Investoren eingeladen. Ziel war eine innovative Wohnsiedlung mittleren Standards, in der auch Raum für Büros, Werkstätten und Künstlerateliers berücksichtigt werden sollte, die der kleinteiligen Struktur des ehemaligen Arbeiterquartiers Lorraine entsprechen sollten.

Im 19. Jahrhundert hatte sich das zwischen der damaligen Bahnlinie und dem Abhang zur Aare gelegene Lorraine-Quartier zu einem klassischen Arbeiterviertel mit niedriger Bebauung entwickelt. Bis in die 50er Jahre hinein ließen sich Werkstätten, Fabriken und Gewerbebetriebe nieder. Die in der Zwischenzeit leer stehenden Bauten verfielen zusehends. Für die Stadt wurde die Lorraine zu einem Sanierungsfall. Nachdem mehrere Liegenschaften zugunsten von Neubauten abgerissen wurden, besetzten in den 80er Jahren Aktivisten der Jugendbewegung leer stehende Häuser im Quartier. Aus dieser Bewegung ging schließlich der Verein »für ein lebendiges Lorrainequartier« hervor, der sich für neue Wohn- und Lebensstrukturen einsetzte. Mit Erfolg. Die Stadt Bern gab schließlich die Industriebrache gegenüber der 1998 gebauten Gewerblich-Industriellen Berufsschule im Baurecht ab und veranstaltete einen Wettbewerb, den ein Projektteam aus zwei Architekturbüros gewann: die Werkgruppe AGW und Reinhard + Partner AG.

Jürg Sollberger von Reinhard + Partner AG und Martin Zulauf von der Werkgruppe AGW zeichnen für den Bau der Wohnsiedlung verantwortlich.

Die durchgehenden Balkone bilden einen Schutz zwischen dem Straßenraum und den Wohnungen. Im Erdgeschoss beleben eine Bar und ein Lebensmittelladen die Überbauung.

Die 1986 gegründete Werkgruppe ist eine Ateliergenossenschaft von Gestaltern, die alle selbständig arbeiten und sich für einzelne Projekte zusammenschließen. Zu den jüngsten Bauten der fünf Mitglieder umfassenden Gruppe gehört der Um- und Neubau des Alters- und Pflegeheims Birgli in Brienz, der ebenfalls auf einen Wettbewerbserfolg zurückgeht. Reinhard + Partner AG dagegen ist ein traditionelles Architekturbüro, das in den 40er Jahren von Hans und Gret Reinhard gegründet und 1976 in eine Mitarbeiteraktiengesellschaft umgewandelt wurde. Heute sind 20 Mitarbeiter und Mitarbeiterinnen für das Büro tätig, das unter anderem die kürzlich fertig gestellte Wohnsiedlung Schlossmatte in Hinterkappelen realisiert hat. Für den Bau der Wohnsiedlung »Vordere Lorraine« wird die Werkgruppe AGW von Martin Zulauf vertreten, Reinhard + Partner AG durch Jürg Sollberger.

Die Altbauten wurden vor dem Abbruch gerettet. Hier entstehen weitere Wohnungen und eine Kinderkrippe.

Links neben den Wohnbauten entstand ein kleines Gebäude aus einer reinen Holzkonstruktion, das vier Künstlerateliers beherbergt.

Die Architekten nahmen in ihrem Entwurf nicht die in der Überbauungsordnung vorgesehene U-Form der Blockrandbebauung auf, sondern ließen sich von dem für das Quartier typischen Konglomerat aus Randbebauung und Einzelhäusern inspirieren. Sie setzten drei Wohnbauten verschiedenen Maßstabs auf das Areal und retteten außerdem drei Altbauten vor dem Abbruch. So bildet die Wohnsiedlung nun in ihrer Struktur einen gelungenen Übergang in das daran anschließende kleinteilige Lorraine-Quartier. Auch in der Gestaltung der Fassaden orientierten sich die Architekten an die im Viertel vorkommenden Farben. Allerdings fallen die grün und gelb gefärbten Fassadenelemente prägnanter aus als ihre Vorbilder. In einer ersten Bauetappe wurden zwei fünfgeschossige Gebäude errichtet. Sie stehen gegenüber der streng gerasterten Glasfassade der Gewerbeschule und nehmen deren Maßstab auf. Gegliedert werden die Fassaden der Neubauten durch große Fensterflächen und blechverkleidete Leichtbaupaneele. Daneben entstand ein kleineres Gebäude als reine Holzkonstruktion, das vier Künstlerateliers umfasst und die Überbauung nach Westen hin abschließt. Bis Frühjahr 2004 sollen die bestehenden Häuser Jurastraße 4 und 5 sowie Lorrainestraße 17 umgebaut sein, die 11 Wohnungen und eine Kinderkrippe umfassen werden. Nach ihrer Fertigstellung wird die Wohnsiedlung Platz für 36 Wohnungen, 10 Ateliers, eine Cafébar, einen Lebensmittelladen und eine Kinderkrippe bieten.

Die Architekten haben eine Gebäudestruktur entworfen, die die Mieter nach ihren Wünschen ausbauen konnten. In allen Geschossen wurden Bodenöffnungen für mögliche Treppen in einem Grundraster von 7,20 Metern geplant. Dadurch entstanden über mehrere Stockwerke hinweg frei kombinier-

Im Erdgeschoss und im ersten Stock sind Atelier- und Gewerberäume untergebracht.

In allen Geschossen wurden Bodenöffnungen für mögliche Treppen geplant, sodass über mehrere Stockwerke hinweg frei kombinierbare Grundrisse entstanden.

bare Grundrisse. Ein Laubengang im zweiten Obergeschoss erschließt fast das ganze Haus. So gelangt man von hier aus in die Maisonettewohnungen mit Wohnraum und Terrasse auf dem Dach, aber auch in die Kleinwohnungen und Ateliers. Nach den Wünschen der Mieter bauten die Architekten Treppen ein, planten die Grundrisse und platzierten Küchen und Bäder. Den Mietern stand zusätzlich ein Katalog mit Ausbaumaterialien zur Auswahl, deren Preisdifferenz zum Standardausbau auf die Miete umgerechnet wurde. So entstand die »Miete nach Maß«. Auf der Südseite verfügen alle Wohnungen über Balkone, die mit Sonnenstores ausgestattet sind und so einen raumhaltigen Filter zur glatten Glaswand der Gewerbeschule bilden.
Im Untergeschoss, im Erdgeschoss sowie im ersten Stock sind vor allem Atelier- und Gewerberäume untergebracht. Lichthöfe belichten die Räume unter der Erde.Die vier Künstlerateliers, die von Thomas Jomini entworfen wurden, sind jeweils auf zwei Stockwerken untergebracht. Das Erdgeschoss mit einer Raumhöhe von 3,50 Metern ist als Arbeitsraum vorgesehen. Die obere Galerie ist der privatere Raum mit einer kleinen Kochnische und einem Bad. Über große Öffnungen lassen sich alle Ateliers miteinander verbinden und so zu einem weiten Ausstellungsraum etwa für Vernissagen zusammenschließen. Die vielfältigen Möglichkeiten der Raumkombinationen führten zu einem erstaunlichen, aber auch erwünschten Mietermix. Bis heute gibt es in der Vorderen Lorraine neben den 4 Künstlerateliers 9 Familienwohnungen, 8 Gruppen- und 8 Kleinwohnungen.

Obergeschoss

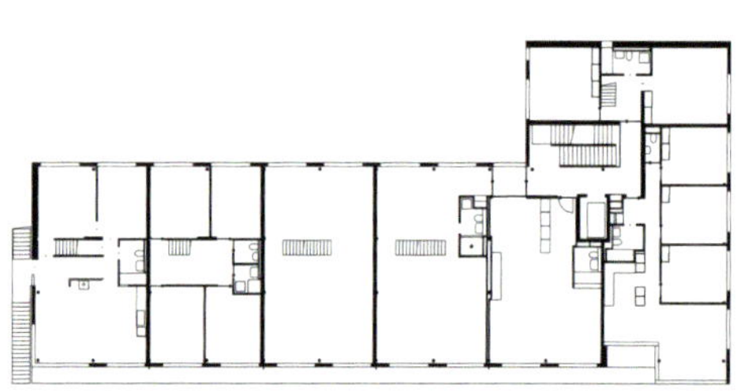

Die vier Künstlerateliers sind auf zwei Stockwerken untergebracht. Die obere Galerie ist mit Kochnische und Bad ausgestattet.

Das Erdgeschoss dient den Künstlern als Arbeitsraum.

Nach den Wünschen der Mieter wurden Grundrisse geplant und Küchen und Bäder platziert.

Auf der Südseite verfügen alle Wohnungen über einen Balkon, der einen raumhaltigen Filter zur Straße hin bildet.

Die vielfältigen Raumkombinationen führten zu einem erstaunlichen Mietermix mit Familien-, Gruppen- und Kleinwohnungen.

Verändern sich die Wohnbedürfnisse, können Grundrisse angepasst, Bodenöffnungen geschlossen und Treppen wieder entfernt werden.

Querschnitt

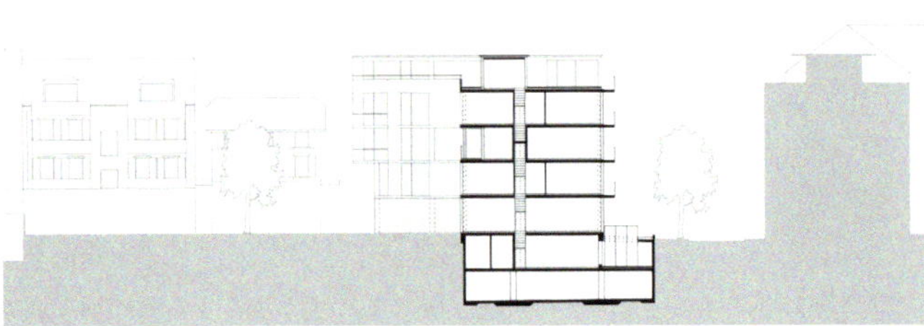

Die Mieter konnten den Innenausbau mitbestimmen und aus einem Katalog auswählen. Die Preisdifferenz wurde auf die Miete umgerechnet, so entstand die »Miete nach Maß«.

Die Küchen konnten je nach Wohnungsart und Größe aus unterschiedlichen Zusammenstellungen ausgewählt werden.

Architektenverzeichnis

Angélil/Graham/Pfenninger/Scholl Architecture|Zürich

Angélil/Graham/Pfenninger/Scholl Architecture
Zypressenstraße 71
CH-8004 Zürich
Telefon +411 298 20 20
Telefax +411 298 20 21
E-Mail: r.pfenninger@agps.ch

Marc Angélil, Architekt ETH, SIA, BSA
Geboren 1954 in Alexandrien. Architekturstudium an der ETH Zürich. 1982 eigenes Büro zusammen mit Sarah Graham in Los Angeles. 1982–87 Professur an der Harvard University, Boston USA. 1987–94 Professur an der University of Southern California, Los Angeles USA. 1990 eigenes Büro zusammen mit Sarah Graham, Reto Pfeninnger und Manuel Scholl. Seit 1994 Professur an der ETH Zürich.

Sarah Graham, Architektin MA., AIA, BSA
Geboren 1963 in Portland, Oregon USA. Bachelor of Arts an der Stanford University, Palo Alto USA. Master of Architecture an der Harvard University, Boston USA. 1982 eigenes Büro zusammen mit Marc AngéLil. 1987–96 Professur an der University of Southern California, Los Angeles USA. Seit 1990 eigenes Büro zusammen mit Marc Angélil, Reto Pfenninger und Manuel Scholl

Reto Pfenninger, Architekt HTL, BSA
Geboren 1963 in Zürich. Lehre als Hochbauzeichner in Zürich. Architekturstudium an der HTL Winterthur. 1987–89 Mitarbeit in einem Architekturbüro in Lausanne. 1989–92 Akademie der Bildenden Künste in München. Seit 1990 eigenes Büro zusammen mit Marc Angélil, Sarah Graham und Manuel Scholl.

Manuel Scholl, Architekt, ETH, SIA, BSA
Geboren 1962 in Zürich. Architekturstudium an der ETH Zürich. 1988–91 Mitarbeit in Architekturbüros in Lugano und Barcelona. Seit 1990 eigenes Büro zusammen mit Marc Angélil, Sarah Graham und Reto Pfenninger. 1994–97 Assistenz und wissenschaftlicher Mitarbeiter an der ETH Zürich.

Silvia Gmür|Basel **Livio Vacchini**|Locarno

Silvia Gmür
Architektin ETH, BSA, SIA
St. Johanns-Vorstadt 17
CH-4056 Basel
Telefon +41 61 2 61 24 62
Telefax +41 61 2 61 00 36
E-Mail: s.gmuer@tic.ch

Geboren 1939 in Zürich. Architekturstudium an der ETH Zürich. Mitarbeit im Büro von Ernst Gisel in Zürich, bei Alvar Aalto in Zürich sowie bei Mitchell-Giurgola in New York. 1979–82 Assistenz bei Dolf Schnebli an der ETH Zürich. Seit 1972 eigenes Büro in Basel. 1983–85 Gastdozentin für Entwurf an der ETH Zürich. 1995–2002 eigenes Büro zusammen mit Livio Vacchini in Basel und Locarno.

Livio Vacchini
Via Bramantino 33
CH-6600 Locarno
Telefon +41 91 756 10 10
Telefax +41 91 756 10 20
E-Mail: lvacchini@swissonline.ch

Geboren 1933 in Locarno. 1953–58 Architekturstudium an der ETH Zürich. 1959–61 Tätigkeit in Stockholm und Paris. Seit 1961 eigenes Büro. 1963–68 Zusammenarbeit mit Luigi Snozzi in Locarno. 1971–75 Kooperation mit Aurelio Galfetti bei verschiedenen Projekten.

Kuhn Fischer Partner|Zürich

Kuhn Fischer Partner Architekten AG
Vorhaldenstraße 10
CH-8049 Zürich
Telefon +41 1 341 43 43
Telefax +41 1 341 46 56
E-Mail: info@kfp.ch
Homepage: www.kfp.ch

Walter Fischer, Architekt BSA, SWB
Geboren 1944 in Zürich. Lehre als Hochbauzeichner in Zürich. 1964–70 Mitarbeit im Architekturbüro Ives Roa & O.C. Cacoub in Paris und Tunesien. 1970 Eintritt in das Büro Kuhn & Stahel. Seit 1989 Teilhaber bei Kuhn Fischer Partner Architekten AG.

Niklaus Kuhn, Architekt SIA
Geboren 1934 in Zürich. Architekturstudium an der Hochschule für Bildende Künste in Berlin. Mitarbeit bei verschiedenen Architekten in Berlin und Zürich. 1962 eigenes Büro in Zürich. Seit 1989 und 1991 zusammen mit Walter Fischer und Peter Winistörfer.

Peter Winistörfer
Geboren 1938 in Zürich. Architekturstudium an der HTL. Mitarbeit in verschiedenen Büros in Zürich und Genf. Geschäftsleitung von Frutiger in Zürich. Seit 1991 Teilhaber bei Kuhn Fischer Partner Architekten AG.

Peter Märkli|Zürich

Peter Märkli
Architekt
Hardstraße 322a
CH-8005 Zürich
Telefon +41 1 273 51 30
Telefax +41 1 2 73 51 20
und
Albisriederstraße 232
CH-8047 Zürich
Telefon +41 1 4 93 52 40
Telefax +41 1 4 93 52 42
E-Mail: petermaerkli@datacomm.ch

Geboren 1953 in Quarten. Architekturstudium an der ETH Zürich. Seit 1977 eigenes Büro in Zürich. 1996–98 Gastdozent an der ETH Zürich.

:mlzd Architekten|Biel

:mlzd
Dammweg 3
CH-2502 Biel
Telefon +41 32 323 04 72
Telefax +41 32 325 51 22
E-Mail: office@mlzd.ch
Homepage: www.mlzd.ch

Lars Mischkulnig
Geboren 1973 in Biel. Architekturstudium an der HTL Biel. 1993–94 Mitarbeit im Büro von Max Dudler in Berlin und Zürich. Seit 1997 eigenes Büro zusammen mit Daniele Di Giacinto.

Daniele Di Giacinto
Geboren 1968 in Grenchen. Architekturstudium an der HTL Bern. 1993–95 Mitarbeit im Büro von Gianpeter Gaudy in Biel. 1994–96 Mitarbeit im Büro von Max Dudler in Zürich. Seit 1997 eigenes Büro zusammen mit Lars Mischkulnig.

Claude Marbach
Geboren 1970 in Fribourg. Architekturstudium an der HTL Biel. 1996 Mitarbeit im Büro von Doris und Ralph Thut in München. 1997 Mitarbeit im Büro von Frank Geiser. Heute Partner im Büro :mlzd.

Roman Lehmann
Geboren 1972 in Bogotà. Architekturstudium an der HTL Biel. 1997 Studienaufenthalt in London. Heute Partner im Büro :mlzd.

Pat Tanner
Geboren 1972 in Biel. Studium an der Hochschule für angewandte Kunst in Wien. Architektrustudium an der HTL Muttenz und HTL Biel. 1996 Mitarbeit im Büro von Miller & Maranta in Basel. 1996 Mitarbeit im Büro von Ortner & Ortner in Wien. 1999 Mitarbeit im Büro von Eckert & Thomke in Zürich. Heute Partner im Büro :mlzd.

NOVARON Eicher Hutter Gepp |Diepoldsau

NOVARON GmbH
Eicher Hutter Gepp
Sonnenstraße 12
CH-9444 Diepoldsau
Telefon +41 71 737 71 61
Telefax +41 71 737 71 60
E-Mail: novaron@novaron.ch
Homepage: www.novaron.ch

Hanspeter Eicher
Geboren 1962 in Diepoldsau. Lehre als Maurer und Hochbauzeichner. Diplom als Bauleiter Hochbau. 1992 Geschäftsführer der Firma Eicher Hutter. Seit 1997 Geschäftsführer der Firma Novaron Eicher Hutter Gepp.

Jesco Hutter
Geboren 1968 in Diepoldsau. Lehre als Hochbauzeichner. Architekturstudium an der Fachhochschule für Architektur in Liechtenstein. 1990–91 Praktikum im Büro von Baumschlager & Eberle. 1992 Geschäftsführer der Firma Eicher Hutter. Seit 1997 Geschäftsführer der Firma Novaron Eicher Hutter Gepp.

Martin Gepp.
Geboren 1971 in Bregenz. Architekturstudium. 1994–96 Teilnahme an der Kunstausstellung Rhein-Art. Seit 1997 Geschäftsführer der Firma Novaron Eicher Hutter Gepp.

Oliveira Rosa architecture studio|London

Eduardo de Oliveira Rosa
Studio 100 top floor
100 de Beauvoir Road
GB-London N1 4EN
Telefon +44 20 72 49 74 90
E-Mail: oliveira_rosa_architecture@btopenworld.com

Geboren 1970 in Boituva, Brasilien. Architekturstudium an der FAU USP in Sao Paulo. 1997 Studium am Bartlett University College in London. 1999 Mitbegründer von »tessera« zusammen mit Anthony Boulanger, Penelope Haralambidou und Yeoriya Manolopoulou in London. Seit 2000 eigenes Büro in London.

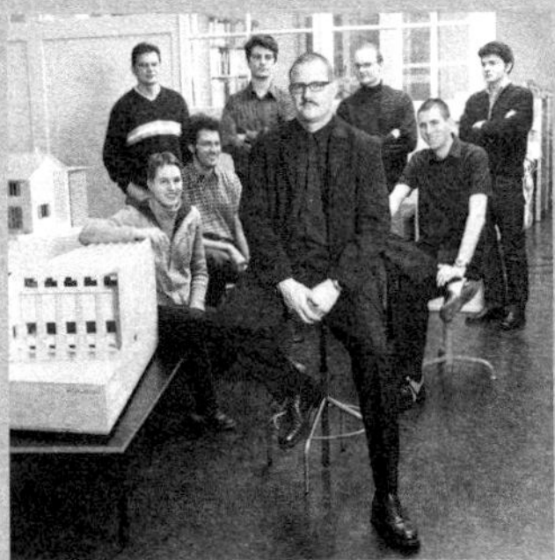

Beat Rothen|Winterthur

Beat Rothen
Architekten GmbH
Lagerplatz 13
CH-8400 Winterthur
Telefon +41 52 213 76 44
Telefax +41 52 212 74 39
E-Mail: beat.rothen@rothen-architekt.ch
Homepage: www.rothen-architekt.ch

Geboren 1957 in Winterthur. 1974–77 Hochbauzeichnerlehre in Winterthur. 1979–82 Studium an der HTL Winterthur. 1982–83 Übertrittskurs HTL-ETH Zürich. 1983–86 Architekturstudium an der ETH Zürich. 1986–89 Mitarbeit im Büro von Mario Campi und Franco Pessina in Lugano. 1989–95 Assistenz bei Mario Campi an der ETH Zürich. Seit 1989 eigenes Büro in Winterthur.

Steinmann & Schmid|Basel

Steinmann & Schmid
Architekten AG BSA, SIA
Rebgasse 21a
CH-4058 Basel
Telefon +41 61 686 93 00
Telefax +41 61 686 93 01
E-Mail: sch@steinmann-schmid.ch
Homepage: www.steinmann-schmid.ch

Peter Steinmann
Geboren 1961 in Luzern. 1977 Lehre als Maschinenmechaniker. Architekturstudium an der HTL Muttenz. Seit 1992 eigenes Büro zusammen mit Herbert Schmid in Basel. 1994 Assistenz am Lehrstuhl Meyer Tropeano an der ETH Zürich. 1997 Gastdozent an der HFG Basel, Fachklasse Innenarchitektur. 1999 Dozent an der HGKZ, SBI. 2000 Studienbereichsleitung an der HGKZ, SBI.

Herbert Schmid
Geboren 1960 in Brig. Architekturstudium an der ETH Zürich. 1989 Nachdiplomstudium Energie an der HTL Muttenz. Seit 1992 eigenes Büro zusammen mit Peter Steinmann in Basel.

Werkgruppe AGW|Bern
Reinhard+Partner AG|Bern

Werkgruppe AGW
Weyermannstraße 28
CH-3008 Bern
Telefon +41 31 388 00 88
E-mail info@werkgruppe.ch
Homepage: www.werkgruppe.ch

Ateliergenossenschaft, gegründet 1981. Mitglieder sind Reinhard Briner, Architekt BSA; Martin Bauer, Bauleiter; Lorenz Frauchiger, Architekt ETH, SIA; Urs Matare, Bautreuhänder; Martin Zulauf, Architekt BSA.

Reinhard + Partner
Planer + Architekten AG SIA, SWB
Elfenauweg 73
CH-3006 Bern
Telefon +41 31 359 31 11
Telefax +41 31 359 31 31
E-Mail: reinhard.partner@rp-ag.ch

Gründungsjahr Hans + Gret Reinhard 1942 in Bern. Seit 1976 Reinhard + Partner AG. Inhaber/Partner sind alle Mitarbeiter (mehrheitlich) und die Gründerfamilie. Die Geschäftsleitung unterliegt Martin Eichenberger, Architekturleitung und Daniel Teuscher, Projektleitung. Zum Verwaltungsrat gehören Jürg Sollberger, Tobias Reinhard und Kurt Gerber.

Danksagung

An dieser Stelle möchten wir uns ganz herzlich bei allen Bauherren und Bewohnern der im Buch vertretenen Häuser bedanken. Sie haben das Zustandekommen des Buches mit großer Offenheit unterstützt und ermöglicht.

Ein besonderer Dank gilt unseren Sponsorfirmen, deren finanzielle Unterstützung und kulturelles Engagement wesentlich zum Entstehen dieses Buches beigetragen haben.

BSH Hausgeräte AG, Vertrieb Bosch
Geroldswil

Halter Unternehmungen
Zürich

Hardturm AG
Zürich

Holcim (Schweiz) AG
Zürich

Kalksandstein, Vertriebs & Beratungs AG
Bern

Vitra AG
Birsfelden

ZfV Unternehmungen
Zürich

BOSCH

halter UNTERNEHMUNGEN

Hardturm AG

Holcim

K·S·V

vitra.

ZfV

Bibliographie

Archithese
Sulgen/Zürich, Nr. 4, 2000

Archithese
Sulgen/Zürich, Nr.1, 2001

Auszeichnung guter Bauten im Kanton Zürich
Katalog, Zürich 2001

Auszeichnung gutes Bauen der Stadt Zürich. 1995–2001
Katalog, Zürich 2002

Baumeister
München, Nr. 2, 2002

Gigon/Guyer Architekten. Arbeiten 1989 bis 2000
hrsg. von Christoph J. Bürkle, Sulgen/Zürich 2000

Gute Bauten in Graubünden 2001
Hrsg. Bündner Heimatschutz, Bündner

Vereinigung für Raumplanung
BVR-Informationen 2/01, Sonderheft, 25. Jahrgang, Nr. 2., Chur 2001

Hochparterre
Zürich, Nr. 9, 1998

Hochparterre
Zürich, Nr. 1–2, 2000

Hochparterre
Zürich, Nr. 1 2, 2002

Hochparterre
Zürich, Nr. 4, 2002

Marianne Burkhalter + Christian Sumi
Basel, Boston, Berlin 1999

Mohsen Mostafavi (Hrsg.)
Approximations. The architecture of Peter Märkli
London 2002

NZZ Fokus, Neue Schweizer Architektur
Zürich, Nr. 12, 2002

Rivista Technica
Lugano, Nr. 11/12, 2001

Räumlinge.
Valentin Bearth & Andrea Deplazes
1. Band der Reihe »De Aedibus«. Luzern 1999

Roman Hollenstein,
Bauen ohne Nostalgie
in: Neue Zürcher Zeitung, Zürich, Nr. 101, 2002

Roderick Hönig, Benedikt Loderer:
La Romandie existe
Ein Führer zur Gegenwartsarchitektur. Zürich 1998.

Stand der Dinge – neuestes Wohnen in Zürich
Katalog, Zürich 2002

Waschanstalt Zürich-Wollishofen
Sulgen/Zürich 2001

Impressum
Bibliografische Information
Der Deutschen Bibliothek
Die Deutsche Bibliothek verzeichnet diese
Publikation in der Deutschen National-
bibliografie; detaillierte bibliografische
Daten sind im Internet über
<http://dnb.ddb.de> abrufbar.

Foto auf der hinteren Umschlagklappe
von Stefan Rotheli, Zürich
Gestaltung: A34, Helmut Gebhardt,
München
Lithographie:
Repro Ludwig, A-Zell am See
Druck und Bindung:
Appl, Wemding
Printed in Germany

ISBN 3-421-03406-0